■ 华中地区生物资源系列丛书

湖北赤壁市
湿地植物图鉴

主　编　刘虹　覃瑞

副主编　王涵　尹聪　陆归华　易丽莎

编　委　（按姓氏笔画排序）

万佳玮　马义谙　田丹丹　兰进茂　兰德庆

向妮艳　刘娇　江雄波　杜志宝　李刚

杨天戈　余光辉　陈雁　陈喜棠　罗琳

郑敏　项艳阶　洪波　祝文龙　夏婧

覃永华　詹鹏　蔡贤壁　熊海容

摄　影　刘虹　易丽莎　陆归华

华中科技大学出版社
http://press.hust.edu.cn
中国·武汉

内 容 简 介

　　赤壁市位于湖北省东南部，湿地资源非常丰富，最具代表性有陆水湖、黄盖湖、西凉湖三处大型湖泊湿地。湿地是自然界中最富生物多样性的生态系统和人类最重要的生存环境之一，赤壁市湿地生境类型众多，为湿生、水生生物物种创造了丰富的栖息生境。在野外科学考察的基础上，本书收录了赤壁市湿地常见野生维管植物 92 科 171 属 202 种。植物命名采用英文版中国植物志 Flora of China（FOC）学名标准，科名排序则采用恩格勒分类系统，为方便浏览查阅，科内属名和属下种名按照 26 个英文字母顺序排列。每一种植物均配以生境、全株、花、果实等特写彩色照片 2 ～ 5 幅，所有图片均为作者拍摄。力求使本书成为一部融科学、实用兼艺术欣赏价值于一体的参考书。

图书在版编目 (CIP) 数据

湖北赤壁市湿地植物图鉴 / 刘虹，覃瑞主编 . —武汉：华中科技大学出版社，2024.4
ISBN 978-7-5772-0477-2

Ⅰ.①湖…　Ⅱ.①刘…　②覃…　Ⅲ.①沼泽化地 - 植物 - 赤壁市 - 图集　Ⅳ.① Q948.526.34-64

中国国家版本馆 CIP 数据核字 (2024) 第 084934 号

湖北赤壁市湿地植物图鉴　　　　　　　　　　　　　　　　　　　　　刘　虹　覃瑞　主编
Hubei Chibi Shi Shidi Zhiwu Tujian

策划编辑：罗　伟		责任编辑：罗　伟	
封面设计：廖亚萍		责任校对：刘　竣	
责任监印：周治超			

出版发行：华中科技大学出版社 (中国·武汉)　　电话：(027)81321913
　　　　　武汉市东湖新技术开发区华工科技园　　邮编：430223
录　　排：华中科技大学惠友文印中心
印　　刷：湖北新华印务有限公司
开　　本：787mm×1092mm　1/16
印　　张：14.25
字　　数：350 千字
版　　次：2024 年 4 月第 1 版第 1 次印刷
定　　价：138.00 元

前言

赤壁市地处长江中游南岸，是湖北的"南大门"，是长江大保护的重要阵地，也是京珠两圈、长江经济带节点城市。长江是中国的重要经济黄金河，也是中国的"生命之河"。长江以其独特的自然景观，深入人心，成为百姓生活和文化的精神象征。推动长江经济带发展是党中央作出的重大决策，是关系国家发展全局的重大战略。长江流域是我国湿地类型最丰富的区域，在世界上占有重要地位。2021年3月，《中华人民共和国长江保护法》开始施行。依据党中央传达的长江大保护精神，赤壁市被列为湖北省长江流域生物多样性本底调查试点区域。

赤壁市境内水域广袤，河流水系发达，湿地资源十分丰富。赤壁市境内有陆水、蟠河、汀泗河三条主要河流纵贯全境，构成陆水湖、黄盖湖、西凉湖三大水系。赤壁市内长江过境江段全长24.69公里，平均年过境水量6409亿立方米。赤壁全市共有大小河流23条，全长约327公里，水域面积达277平方公里。2021年湖北省第三次国土调查主要数据显示，赤壁市湿地包括了四类七型，总面积达208.76平方公里。目前赤壁市已纳入国家和地方重点保护的湿地面积有83.11平方公里，主要是陆水湖国家湿地公园、黄盖湖湿地和西凉湖湿地三大区域。陆水湖国家湿地公园属于大型库塘型湿地，总面积125.69平方公里，其中湿地面积43.38平方公里、其他面积82.31平方公里；黄盖湖属于洞庭湖水系，是长江沿江重要的集水型湖泊，是湖北省通江型的天然湖泊，在长江中下游湖泊中具有较强的代表性和典型性；西凉湖是湖北省第五大湖泊、咸宁市直管第一大湖泊，也是长江一级支流上的重要湖泊，因位于梁子湖之西而得名，在赤壁市境内有汀泗河、泉口河、宋家河等水体注入西凉湖，构成了赤壁市的西凉湖水系。湿地具有涵养水源、调蓄洪水、调节气候、净化水体、保护生物多样性等多种生态功能，是自然界中最富生物多样性的生态系统和人类最重要的生存环境之一。通过野外科学考察，摸清赤壁市湿地植物资源的种类和分布，加强对长江生态资源的调查和研究，能够为长江流域十载生态大保护贡献一份力量，是贯彻落实长江大保护的重要举措，也是完善长江生态环境保护的重要体现。

本书作者基于野外科学考察和调研，对湖北省赤壁市湿地内植物多样性进行了介绍。全书共收录赤壁市湿地常见野生维管植物92科171属202种，植物学名及其系统分类学位置采用英文版中国植物志 Flora of China（FOC）标准，科名排序采用恩格勒分类系统，为方便浏览查阅，科内属名和属下种名按照英文字母顺序予以排列。

　　本书是《华中地区生物资源系列丛书》之一，在编写过程中，得到了赤壁市林业局、赤壁陆水湖国家湿地公园管理处、湖北生态工程职业技术学院、中国科学院武汉植物园等单位和同行的大力支持，在此一并表示感谢。全书由于编写时间短暂，项目野外调查加上资料整理不到两年，难免有疏漏之处，敬请各位读者批评指正。

编　者

目录

目录

一、蕨类植物

卷柏科 Selaginellaceae   卷柏属 *Selaginella*

1. 江南卷柏

Selaginella moellendorffii Hieron.

【形态特征】土生或石生，直立，具地下根状茎和游走茎。根多分叉，密被毛。主茎中上部羽状分枝，禾秆色或红色，茎圆柱状，不具纵沟，光滑无毛。叶交互排列，营养叶草质或纸质，表面光滑，具白边，边缘有细齿。孢子叶穗紧密，四棱柱形；孢子叶卵状三角形，边缘有细齿，具白边，龙骨状；大孢子叶分布于孢子叶穗中部的下侧。大孢子浅黄色，小孢子橘黄色。

【生　　境】生于岩石缝中。

紫萁科 Osmundaceae　　　　　　　　　　**紫萁属** *Osmunda*

2. 紫萁

Osmunda japonica Thunb.

【形态特征】根状茎短粗，或成短树干状而稍弯。叶簇生，直立，禾秆色，幼时被密绒毛；叶为纸质，成长后光滑无毛，干后为棕绿色。叶片为三角广卵形；羽片3～5对，对生，长圆形，奇数羽状，边缘有均匀的细锯齿。叶脉两面明显，自中肋斜向上，二回分歧，小脉平行，达于锯齿。孢子叶羽片和小羽片均短缩，小羽片变成线形，沿中肋两侧背面密生孢子囊。

【生　　境】生于林下或溪边酸性土壤上。

里白科 Gleicheniaceae　　　　　　　　　　　芒萁属 *Dicranopteris*

3. 芒萁

Dicranopteris pedata (Houttuyn) Nakaike

【形态特征】根状茎横走，深棕色，被锈毛。叶远生；柄深棕色，幼时基部被棕色毛，后变光滑；叶轴五至八回两叉分枝，上面具一纵沟；各回腋芽卵形，密被锈色毛，苞片卵形，边缘具三角形裂片；裂片平展，披针形或线状披针形，顶端钝，微凹，三角形，全缘。叶坚纸质，上面绿色，下面灰白色，无毛。孢子囊圆形，细小。

【生　　境】生于疏林下、路边等地。

海金沙科 Lygodiaceae   海金沙属 *Lygodium*

4. 海金沙

Lygodium japonicum (Thunb.) Sw.

【形态特征】 攀缘草本；叶轴具窄边，羽片多数，对生于叶轴短距两侧。不育羽片尖三角形，两侧有窄边，二回羽状，叶干后褐色，纸质；两面沿中肋及脉上略有短毛；能育羽片卵状三角形，长宽几相等，二回羽状；一回小羽片 4～5 对，互生，长圆披针形，二回小羽片 3～4 对，卵状三角形，羽状深裂。孢子囊排列稀疏，暗褐色，无毛。

【生　　境】 生于灌木丛中。

凤尾蕨科 Pteridaceae   铁线蕨属 *Adiantum*

5. 铁线蕨

Adiantum capillus-veneris L.

【形态特征】 根状茎细长横走，密被棕色披针形鳞片。叶柄纤细，栗黑色，有光泽，基部被鳞片，叶片卵状三角形；羽片3～5对，互生，上缘圆形，具2～4裂片；叶脉两面均明显。叶两面均无毛。孢子囊横生于能育的末回小羽片的上缘；囊群盖长肾形或圆肾形，淡黄绿色，膜质，全缘，宿存。孢子周壁具粗颗粒状纹饰。

【生   境】 常生于流水溪旁石灰岩上或石灰岩洞底和滴水岩壁上，为钙质土壤的指示植物。

凤尾蕨科 Pteridaceae   水蕨属 *Ceratopteris*

6. 粗梗水蕨

Ceratopteris chingii Y.H.Yan & Jun H.Yu

【形态特征】二年生或多年生漂浮草本，具须根。植株高 20 ~ 30 cm；叶柄、叶轴与下部羽片的基部均显著膨胀成圆柱形，叶柄基部尖削，布满细长的根。叶二型；不育叶为深裂的单叶，绿色，光滑，柄长约 8 cm，粗约 1.6 cm。孢子囊沿主脉两侧的小脉着生，幼时为反卷的叶缘所覆盖，成熟时张开，露出孢子囊。

【生　　境】生于河流和水沟旁。

凤尾蕨科 Pteridaceae   水蕨属 *Ceratopteris*

7. 水蕨

Ceratopteris thalictroides (L.) Brongn.

【形态特征】 根茎短而直立，一簇粗根着生于淤泥；叶簇生，二型；不育叶叶柄绿色，圆柱形，肉质，不或略膨胀，无毛；叶片直立，或幼时漂浮，幼时略短于能育叶，一至三回羽状深裂；小裂片 2～5 对，互生，斜展，宽卵形或卵状三角形，具短柄；末回裂片线形或线状披针形；孢子囊沿主脉两侧网眼着生，稀疏，棕色；孢子四面型，外层具肋条状纹饰。

【生　　境】 生于池沼、水田或水沟的淤泥中，有时漂浮于水面上。

凤尾蕨科 Pteridaceae　　　　　　凤了蕨属 *Coniogramme*

8. 凤了蕨

Coniogramme japonica (Thunb.) Diels

【形态特征】叶柄禾秆色或栗褐色，基部以上光滑；叶片长圆状三角形，二回羽状；羽片和小羽片边缘有向前伸的疏矮齿。叶脉网状，在羽轴两侧形成2～3行狭长网眼。叶干后纸质，上面暗绿色，下面淡绿色，两面无毛。孢子囊群线形，沿叶脉分布，几达叶边。

【生　境】生于湿润林下和山谷阴湿处。

凤尾蕨科 Pteridaceae   凤尾蕨属 *Pteris*

9. 井栏边草

Pteris multifida Poir.

【形态特征】根状茎短而直立，先端被黑褐色鳞片。叶多数，密而簇生，明显二型；叶片卵状长圆形，羽片无柄，线状披针形，叶缘有不整齐的尖锯齿并有软骨质的边，主脉两面均隆起，禾秆色，侧脉明显，稀疏，单一或分叉。叶干后草质，暗绿色，遍体无毛；叶轴禾秆色，稍有光泽。

【生　　境】生于墙壁、井边及石灰岩缝隙或灌丛下。

金星蕨科 Thelypteridaceae　　　　　　　　毛蕨属 *Cyclosorus*

10. 渐尖毛蕨

Cyclosorus acuminatus (Houtt.)Nakai

【形态特征】根状茎长而横走，深棕色，老则变褐棕色，先端密被棕色披针形鳞片。叶片长圆状披针形，先端尾状渐尖并羽裂；羽片互生，或基部的对生，披针形，叶脉下面隆起，先端交接成钝三角形网眼。叶坚纸质，干后灰绿色，除羽轴下面疏被针状毛外，羽片上面被极短的糙毛。孢子囊群圆形，囊群盖大，深棕色，密生短柔毛。

【生　　境】生于灌丛、草地、田边、路边、沟旁湿地或山谷乱石中。

槐叶蘋科 Salviniaceae　　　　　　　　　　　　　　　槐叶蘋属 *Salvinia*

11. 槐叶蘋
Salvinia natans (L.) All.

【形态特征】小型漂浮植物。茎细长而横走，被褐色节状毛。三叶轮生，上面二叶漂浮于水面，形如槐叶，长圆形或椭圆形，顶端钝圆，基部圆形或稍呈心形，全缘；叶柄长 1 mm 或近无柄。叶脉斜出，在主脉两侧有小脉 15 ～ 20 对，每条小脉上面有 5 ～ 8 束白色刚毛；叶草质，腹面深绿色，背面密被棕色茸毛。下面一叶悬垂于水中，细裂成线状，被细毛，形如须根，起着根的作用。孢子果 4 ～ 8 个簇生于沉水叶的基部，表面疏生成束的短毛，小孢子果表面淡黄色，大孢子果表面淡棕色。

【生　　境】生于水田、沟塘和静水溪河。

二、被子植物双子叶离瓣花类

三白草科 Saururaceae   蕺菜属 *Houttuynia*

12. 蕺菜

Houttuynia cordata Thunb.

【形态特征】多年生草本；高达 60 cm；具根茎；茎下部伏地，上部直立，无毛或节被柔毛，有时紫红色；叶薄纸质，密被腺点，宽卵形或卵状心形，先端短渐尖，基部心形，下面常带紫色；穗状花序顶生或与叶对生，基部多具 4 片白色花瓣状苞片；花小，雄蕊 3，长于花柱，花丝下部与子房合生，花柱 3，外弯；蒴果近球形，顶端开裂，花柱宿存。

【花 果 期】花期 4 ～ 8 月，果期 6 ～ 10 月。

【生　　境】生于沟边、溪边或林下湿地上。

胡椒科 Piperaceae

胡椒属 *Piper*

13. 石南藤

Piper wallichii (Miq.) Hand. -Mazz.

【形态特征】攀援藤本。枝有纵棱；叶硬纸质，干时变淡黄色，顶端长渐尖，基部短狭或钝圆，两侧近相等，腹面无毛，背面被长短不一的疏粗毛；叶脉 5 ～ 7 条。花单性，雌雄异株，聚集成与叶对生的穗状花序。雄花序于花期几与叶片等长；总花梗与叶柄近等长或略长；花序轴被毛；苞片圆形柄，盾状；雄蕊 2 枚。雌花序比叶片短；总花梗远长于叶柄，长达 2 ～ 4 cm。浆果球形，无毛，有疣状凸起。

【花 果 期】5 ～ 6 月。

【生　　境】生于林中阴湿处或湿润地，攀爬于石壁上或树上。

金粟兰科 Chloranthaceae

金粟兰属 *Chloranthus*

14. 丝穗金粟兰

Chloranthus fortunei (A. Gray) Solms-Laub

【形态特征】多年生草本。根状茎粗短，密生多数细长须根；茎直立，单生或数个丛生，下部节上对生 2 片鳞状叶。叶对生，通常 4 片生于茎上部，纸质，宽椭圆形或倒卵形，边缘有圆锯齿或粗锯齿；鳞状叶三角形；托叶条裂成钻形。穗状花序单一，由茎顶抽出，花白色，有香气。核果球形，淡黄绿色，有纵条纹。

【花 果 期】花期 4 ～ 5 月，果期 5 ～ 6 月。

【生　　境】生于山坡或低山林下阴湿处和山沟草丛中。

金粟兰科 Chloranthaceae   金粟兰属 *Chloranthus*

15. 银线草

Chloranthus japonicus Sieb.

【形态特征】多年生草本。根状茎多节，横走，分枝，生多数细长须根，有香气；茎直立，单生或数个丛生，不分枝，下部节上对生 2 片鳞状叶，呈三角形或宽卵形。叶对生，通常 4 片生于茎顶，成假轮生，纸质，宽椭圆形或倒卵形，边缘有齿牙状锐锯齿，齿尖有一腺体。穗状花序单一，顶生，花白色。核果近球形或倒卵形，绿色。

【花 果 期】花期 4～5 月，果期 5～7 月。

【生   境】生于山坡或山谷杂木林下阴湿处或沟边草丛中。

杨柳科 Salicaceae   **柞木属** *Xylosma*

16. 柞木

Xylosma congesta (Loureiro) Merrill

【形态特征】 常绿灌木或乔木。枝条具有腋生刺；花单性，雌雄异株；总状花序，腋生，被柔毛；萼片4～6，淡黄或黄绿色；无花瓣；雄花雄蕊多数，花盘由多数腺体组成，位于雄蕊外围；雌花花盘圆盘状，边缘稍成浅波状；花柱短，柱头2浅裂；浆果黑色，球形，花柱宿存。

【花 果 期】 花期6～7月，果期10～11月。

【生　　境】 生于海拔1200 m以下的山坡疏林中。

胡桃科 Juglandaceae   枫杨属 *Pterocarya*

17. 枫杨

Pterocarya stenoptera C. DC.

【形态特征】 高大乔木，密被锈褐色腺鳞。偶数稀奇数羽状复叶，叶轴具窄翅；小叶多枚，长椭圆形或长椭圆状披针形，具内弯细锯齿；雌荑黄花序顶生，花序轴密被星状毛及单毛；雌花苞片无毛或近无毛。果序轴常被毛；果长椭圆形，基部被星状毛；果翅条状长圆形。

【花 果 期】 花期 4～5 月，果期 8～9 月。

【生　　境】 生于海拔 1500 m 以下的沿溪涧河滩、阴湿山坡地的林中，现已广泛栽植作园庭树或行道树。

壳斗科 Fagaceae   栗属 *Castanea*

18. 茅栗

Castanea seguinii Dode

【形态特征】小乔木或灌木状。小枝暗褐色，托叶细长，开花仍未脱落。叶倒卵状椭圆形或兼有长圆形的叶，基部对称至一侧偏斜，叶背有黄或灰白色鳞腺，幼嫩时沿叶背脉两侧有疏单毛。雄花簇有花 3～5 朵；雌花单生或生于混合花序的花序轴下部；壳斗外壁密生锐刺，成熟壳斗连刺直径 3～5 cm；坚果无毛或顶部有疏伏毛。

【花 果 期】花期 5～7 月，果期 9～11 月。

【生　　境】生于海拔 2000 m 以下的丘陵山地，较常见于山坡灌木丛中，与阔叶常绿或落叶树混生。

壳斗科 Fagaceae   栎属 *Quercus*

19. 青冈
Quercus glauca Thunb.

【形态特征】乔木。叶倒卵状椭圆形或长椭圆形，先端短尾尖或渐尖，基部宽楔形或近圆，中部以上具锯齿，上面无毛，下面被平伏单毛或近无毛，常被灰白色粉霜，侧脉 9～13 对。壳斗碗状，疏被毛，具 5～6 环带；果长卵圆形或椭圆形，近无毛。

【花 果 期】花期 4～5 月，果期 10 月。

【生　　境】生于山坡或沟谷，组成落叶阔叶林或常绿落叶阔叶混交林，海拔 60～2600 m。

榆科 Ulmaceae   朴属 *Celtis*

20. 紫弹树
Celtis biondii Pamp.

【形态特征】落叶小乔木至乔木，树皮暗灰色。当年生小枝幼时黄褐色，密被短柔毛，后渐脱落，至结果时为褐色；冬芽黑褐色，芽鳞被柔毛，内部鳞片的毛长而密。叶宽卵形、卵形至卵状椭圆形。叶柄幼时有毛，老后几脱净。托叶条状披针形，被毛，比较迟落。果序单生叶腋，通常具 2 果，被糙毛；果幼时被疏或密的柔毛，后毛逐渐脱净，黄色至橘红色，近球形。

【花 果 期】花期 4～5 月，果期 9～10 月。

【生　　境】多生于山地灌丛或杂木林中，可生于石灰岩上，海拔 50～2000 m。

桑科 Moraceae   构属 *Broussonetia*

21. 楮构

Broussonetia kazinoki Sieb.

【形态特征】灌木。叶卵形至斜卵形，边缘具三角形锯齿，不裂或 3 裂，表面粗糙，背面近无毛；托叶小，线状披针形，渐尖。花雌雄同株；雄花序球形头状，雄花花被 4 ～ 3 裂，裂片三角形，外面被毛；雌花序球形，被柔毛，花被管状，顶端齿裂，或近全缘。聚花果球形；瘦果扁球形，外果皮壳质，表面具瘤体。

【花 果 期】花期 4 ～ 5 月，果期 5 ～ 6 月。

【生　　境】多生于中海拔以下，山坡林缘、沟边、住宅近旁。

桑科 Moraceae   构属 *Broussonetia*

22. 构树

Broussonetia papyrifera (L.) L' Hér. ex Vent.

【形态特征】乔木。叶螺旋状排列，花雌雄异株；雄花序为葇荑花序，粗壮，苞片披针形，被毛，花被 4 裂，裂片三角状卵形，被毛，雄蕊 4，花药近球形，退化雌蕊小；雌花序球形头状，苞片棍棒状，顶端被毛，花被管状。聚花果成熟时橙红色，肉质；瘦果具与其等长的柄，表面有小瘤，龙骨双层，外果皮壳质。

【花 果 期】花期 4 ～ 5 月，果期 6 ～ 7 月。

【生　　境】生于山坡林缘、沟边、住宅近旁。

桑科 Moraceae   榕属 *Ficus*

23. 薜荔

Ficus pumila L.

【形态特征】 攀援或匍匐灌木。叶二型，营养枝节上生不定根，叶薄革质，卵状心形，叶柄很短；叶革质，卵状椭圆形，全缘，上面无毛，下面被黄褐色柔毛，侧脉 3～4 对，在上面凹下，下面网脉蜂窝状；托叶披针形，被黄褐色丝毛；瘦果近球形，有黏液。

【花 果 期】 5～8 月。

【生　　境】 生于路边石头上或树上。

桑科 Moraceae   橙桑属 *Maclura*

24. 柘

Maclura tricuspidata Carriere

【形态特征】 落叶灌木或小乔木。树皮灰褐色，小枝无毛，略具棱，有棘刺。叶卵形或菱状卵形，偶为三裂，表面深绿色，背面绿白色，无毛或被柔毛；叶柄被微柔毛。雌雄异株，雌雄花序均为球形头状花序，单生或成对腋生，具短总花梗。聚花果近球形，肉质，成熟时橘红色。

【花 果 期】 花期 5 ～ 6 月，果期 6 ～ 7 月。

【生　　境】 生于海拔 50 ～ 1500 m，阳光充足的山地或林缘。

桑科 Moraceae   桑属 *Morus*

25. 桑
Morus alba L.

【形态特征】乔木或灌木，树皮厚，灰色，具不规则浅纵裂。叶卵形或广卵形，边缘锯齿粗钝。花单性，腋生或生于芽鳞腋内，与叶同时生出；雄花序下垂，密被白色柔毛，雄花花被片宽椭圆形，淡绿色；雌花序被毛，总花梗被柔毛，雌花无梗。聚花果卵状椭圆形，成熟时红色或暗紫色。

【花果期】花期4～5月，果期5～8月。

【生　　境】生于废弃的房屋旁边、路边或空旷处。

荨麻科 Urticaceae　　　　　　　　　　　　　　苎麻属 *Boehmeria*

26. 苎麻

Boehmeria nivea (L.) Gaudich.

【形态特征】亚灌木或灌木。茎上部与叶柄均密被开展的长硬毛与近开展和贴伏的短糙毛。叶互生，托叶分生，钻状披针形，背面被毛。圆锥花序腋生，或植株上部的为雌性，其下的为雄性，或同一植株的全为雌性。果期菱状倒披针形，柱头丝形。瘦果近球形，光滑，基部突缩成细柄。

【花 果 期】花期 8 ～ 10 月。

【生　　境】生于山谷林边或草坡，海拔 1700 m 以下。

荨麻科 Urticaceae   水麻属 *Debregeasia*

27. 水麻

Debregeasia orientalis C. J. Chen

【形态特征】灌木。小枝纤细，暗红色，常被贴生的白色短柔毛，以后渐变无毛。叶纸质或薄纸质，干时硬膜质，叶柄短，稀更长，毛被同幼枝；托叶披针形。花序雌雄异株，稀同株，生上年生枝和老枝的叶腋；苞片宽倒卵形。瘦果小浆果状，倒卵形，鲜时橙黄色，宿存花被肉质紧贴生于果实。

【花果期】花期 3～4 月，果期 5～7 月。

【生　　境】常生于溪谷河流两岸潮湿地区，海拔 2800 m 以下。

荨麻科 Urticaceae   花点草属 *Nanocnide*

28. 毛花点草
Nanocnide lobata Wedd.

【形态特征】一年生或多年生草本。茎柔软，铺散丛生，自基部分枝，常半透明，有时下部带紫色，被向下弯曲的硬毛。叶膜质，宽卵形至三角状卵形。雄花序常生于枝的上部叶腋，稀数朵雄花散生于雌花序的下部，具短梗；雌花序由多数花组成团聚伞花序。瘦果卵形，压扁，褐色，有疣点状突起，外面围以稍大的宿存花被片。

【花果期】花期 4 ～ 6 月，果期 6 ～ 8 月。

【生　　境】生于山谷溪旁和石缝、路旁阴湿地区及草丛中，海拔 25 ～ 1400 m。

蓼科 Polygonaceae   蓼属 *Persicaria*

29. 蓼子草

Persicaria criopolitana (Hance) Migo

【形态特征】一年生草本。茎自基部分枝，平卧，丛生，节部生根，被长糙伏毛及稀疏的腺毛。叶披针形，两面被糙伏毛，边缘具缘毛及腺毛；叶柄极短或近无柄；托叶鞘膜质，密被糙伏毛，具长缘毛。花序头状，顶生，花序梗密被腺毛；苞片卵形，密生糙伏毛，具长缘毛；花被 5 深裂，淡紫红色，花被片卵形。瘦果椭圆形，双凸镜状，有光泽，包于宿存花被内。

【花 果 期】花期 7～11 月，果期 9～12 月。

【生　　境】生于河滩沙地、沟边湿地，海拔 50～900 m。

蓼科 Polygonaceae   蓼属 *Persicaria*

30. 愉悦蓼
Persicaria jucunda (Meisn.) Migo

【形态特征】一年生草本。茎直立，基部近平卧，多分枝，无毛。叶椭圆状披针形，两面疏生硬伏毛或近无毛，边缘全缘，具短缘毛；托叶鞘膜质，淡褐色，筒状，疏生硬伏毛，顶端截形。总状花序呈穗状，顶生或腋生，花排列紧密；苞片漏斗状，绿色；花被5深裂，花被片长圆形。瘦果卵形，具3棱，黑色，有光泽，包于宿存花被内。

【花果期】花期8～9月，果期9～11月。

【生　　境】生于山坡草地、山谷路旁和沟边湿地，海拔30～2000 m。

蓼科 Polygonaceae   蓼属 *Persicaria*

31. 扛板归

Persicaria perfoliata (L.) H. Gross

【形态特征】 一年生草本。茎攀援，多分枝，具纵棱，沿棱具稀疏的倒生皮刺。叶三角形，薄纸质，上面无毛，下面沿叶脉疏生皮刺；叶柄与叶片近等长，具倒生皮刺，草质，绿色，圆形或近圆形，穿叶。总状花序呈短穗状，不分枝顶生或腋生；苞片卵圆形，花白色或淡红色，花被片椭圆形，果时增大，呈肉质，深蓝色。瘦果球形，黑色，有光泽。

【花 果 期】 花期 6 ～ 8 月，果期 7 ～ 10 月。

【生   境】 生于田边、路旁、山谷湿地，海拔 80 ～ 2300 m。

蓼科 Polygonaceae   虎杖属 *Reynoutria*

32. 虎杖
Reynoutria japonica Houtt.

【形态特征】多年生草本。根状茎粗壮，横走。茎直立，粗壮，空心，具明显的纵棱，无毛。叶宽卵形或卵状椭圆形，近革质。花单性，雌雄异株，花序圆锥状，腋生；苞片漏斗状，顶端渐尖，无缘毛，每苞内具 2 ～ 4 朵花；花梗中下部具关节；花被 5 深裂，淡绿色。瘦果卵形，具 3 棱，黑褐色，有光泽。

【花 果 期】花期 8 ～ 9 月，果期 9 ～ 10 月。

【生　　境】生于山坡灌丛、山谷、路旁、田边湿地，海拔 140 ～ 2000 m。

苋科 Amaranthaceae 莲子草属 *Alternanthera*

33. 喜旱莲子草

Alternanthera philoxeroides (Mart.)Griseb.

【形态特征】 多年生草本。茎匍匐，上部上升，具分枝，幼茎及叶腋被白或锈色柔毛；叶长圆形、长圆状倒卵形或倒卵状披针形，具短尖，基部渐窄，全缘，两面无毛或上面被平伏毛，下面具颗粒状突起；头状花序具花序梗，单生叶腋，白色花被片长圆形。

【花 果 期】 花期 5 ~ 10 月。

【生　　　境】 生于池沼、水沟内。

苋科 Amaranthaceae　　　　　　　　　　　苋属 *Amaranthus*

34. 皱果苋

Amaranthus viridis L.

【形态特征】一年生草本。全株无毛；茎直立，稍分枝；叶卵形或卵状椭圆形，长 3 ～ 9 cm，具芒尖，基部宽楔形或近平截，全缘或微波状，叶面常有一"V"字形白斑；叶柄长 3 ～ 6 cm。穗状圆锥花序顶生；花序梗长 2 ～ 2.5 cm；苞片披针形，长不及 1 mm；花被片长圆形或宽倒披针形；雄蕊较花被片短。胞果扁球形，种子近球形，黑褐色。

【花 果 期】花期 6 ～ 8 月，果期 8 ～ 10 月。

【生　　境】生于农舍附近的杂草地上或田野间。

苋科 Amaranthaceae   青葙属 *Celosia*

35. 青葙

Celosia argentea L.

【形态特征】一年生草本，全株无毛。茎直立，有分枝。叶矩圆状披针形至披针形，绿色常带红色，顶端急尖或渐尖，具小芒尖；穗状花序；苞片及小苞片披针形，白色，光亮；花被片矩圆状披针形，初为白色顶端带红色，或全部粉红色，后成白色，顶端渐尖，具 1 中脉，在背面凸起。胞果卵形，盖裂；种子肾状圆形，黑色，光亮。

【花果期】花期 5～8 月，果期 6～10 月。

【生　境】生于平原、田边、丘陵、山坡，海拔 1000 m 以下。

紫茉莉科 Nyctaginaceae　　　　　　　　　　　紫茉莉属 *Mirabilis*

36. 紫茉莉

Mirabilis jalapa L.

【形态特征】多年生宿根草本。根肥粗，黑色或黑褐色。茎直立，多分枝，无毛或疏生细柔毛，节稍膨大。叶片卵形或卵状三角形，两面均无毛，上部叶几无柄。花常数朵簇生枝端；总苞钟形，5 裂，无毛，具脉纹；花被紫红色、黄色、白色或杂色；花丝细长，常伸出花外；花柱单生，伸出花外。瘦果球形，黑色，表面具皱纹。

【花 果 期】花期 6 ～ 10 月，果期 8 ～ 11 月。

【生　　境】生于路边、田边、丘陵等地，分布广泛。

商陆科 Phytolaccaceae   商陆属 *Phytolacca*

37. 垂序商陆

Phytolacca americana L.

【形态特征】多年生草本。根粗壮，肥大，倒圆锥形。茎直立，圆柱形，有时带紫红色。叶片椭圆状卵形或卵状披针形。总状花序顶生或侧生；花白色，微带红晕；花被片5，雄蕊、心皮及花柱通常均为10，心皮合生。果序下垂；浆果扁球形，熟时紫黑色；种子肾圆形。

【花 果 期】花期6～8月，果期8～10月。

【生　　境】生于路边、荒地、房前屋后以及农田或公园绿化带中。

马齿苋科 Portulacaceae   马齿苋属 *Portulaca*

38. 马齿苋

Portulaca oleracea L.

【形态特征】一年生草本，全株无毛。茎平卧或斜倚，多分枝，圆柱形。叶互生，叶片扁平，肥厚，倒卵形，似马齿状，全缘，上面暗绿色，下面淡绿色或带暗红色，中脉微隆起；叶柄粗短。花无梗，常3～5朵簇生枝端；苞片2～6，叶状，膜质，近轮生；萼片2，对生，绿色；花瓣5，稀4，黄色，基部合生。蒴果卵球形，盖裂；种子细小，多数，黑褐色，有光泽，具小疣状凸起。

【花 果 期】花期5～8月，果期6～9月。

【生　　境】生于菜园、农田、路旁，为田间常见杂草。

石竹科 Caryophyllaceae

卷耳属 *Cerastium*

39. 球序卷耳

Cerastium glomeratum Thuill.

【形态特征】一年生草本，茎单生或丛生。下部茎生叶叶片匙形，顶端钝，基部渐狭成柄状；上部茎生叶叶片倒卵状椭圆形，顶端急尖，基部渐狭成短柄状，两面皆被长柔毛，边缘具缘毛，中脉明显。聚伞花序呈簇生状或呈头状；花序轴密被腺柔毛；苞片草质，卵状椭圆形，密被柔毛；萼片 5，披针形，外面密被长腺毛，边缘狭膜质；花瓣 5，白色，线状长圆形，与萼片近等长或微长，顶端 2 浅裂，基部被疏柔毛。种子褐色，扁三角形，具疣状凸起。

【花 果 期】花期 3 ～ 4 月，果期 5 ～ 6 月。

【生　　境】生于山坡草地等。

石竹科 Caryophyllaceae   繁缕属 *Stellaria*

40. 鹅肠菜

Stellaria aquatica (L.) Scop.

【形态特征】 二年生或多年生草本，具须根。茎上升，多分枝，上部被腺毛。叶片卵形或宽卵形，有时边缘具毛；上部叶常无柄或具短柄，疏生柔毛。顶生二歧聚伞花序；苞片叶状，边缘具腺毛；花梗细，花后伸长并向下弯，密被腺毛；萼片卵状披针形，边缘狭膜质，外面被腺柔毛，脉纹不明显；花瓣白色，2 深裂至基部。蒴果卵圆形；种子近肾形，稍扁，褐色，具小疣。

【花 果 期】 花期 5～8 月，果期 6～9 月。

【生　　境】 生于河流两旁冲积沙地的低湿处或灌丛林缘和水沟旁。

睡莲科 Nymphaeaceae　　　　　　　　　　　　　　　　芡属 *Euryale*

41. 芡实

Euryale ferox Salisb. ex DC

【形态特征】一年生大型水生草本。沉水叶箭形或椭圆肾形，两面无刺；浮水叶革质，椭圆肾形至圆形，盾状，全缘，下面带紫色，有短柔毛；叶柄及花梗粗壮，皆有硬刺。萼片披针形，内面紫色，外面密生稍弯硬刺；花瓣矩圆状披针形，紫红色。浆果球形，暗紫红色，外面密生硬刺；种子球形，黑色。

【花 果 期】花期7～8月，果期8～9月。

【生　　境】生于池塘、湖沼中。

睡菜科 Menyanthaceae　　　　　　　　　　**荇菜属** *Nymphoides*

42. 荇菜

Nymphoides peltata (S. G. Gmelin) Kuntze

【形态特征】多年生水生草本。茎圆柱形，多分枝，密生褐色斑点，节下生根。上部叶对生，下部叶互生，叶片飘浮，近革质，卵圆形，基部心形，全缘，有不明显的掌状叶脉；叶柄圆柱形，基部变宽，呈鞘状，半抱茎。花常多数，簇生节上，5 数；花梗圆柱形，不等长，稍短于叶柄；花萼分裂至近基部，全缘；花冠金黄色，冠筒短，喉部具 5 束长柔毛，裂片宽倒卵形。蒴果无柄，椭圆形；种子大，褐色，椭圆形，边缘密生睫毛。

【花 果 期】4 ～ 10 月。

【生　　境】生于池塘或不甚流动的河溪中，海拔 60 ～ 1800 m。

金鱼藻科 Ceratophyllaceae　　　　　　　　金鱼藻属 *Ceratophyllum*

43. 金鱼藻
Ceratophyllum demersum L.

【形态特征】多年生沉水草本；茎平滑，具分枝。叶 4 ～ 12 轮生，1 ～ 2 次二叉状分歧，裂片丝状，或丝状条形，先端带白色软骨质，边缘仅一侧有数细齿。花直径约 2 mm；苞片 9 ～ 12，条形，浅绿色，透明，先端有 3 齿及带紫色毛。坚果宽椭圆形，黑色，平滑，边缘无翅，有 3 刺，宿存花柱先端具钩，基部 2 刺向下斜伸，先端渐细成刺状。

【花 果 期】花期 6 ～ 7 月，果期 8 ～ 10 月。

【生　　境】生于池塘、河沟中。

莲科 Nelumbonaceae   莲属 *Nelumbo*

44. 莲
Nelumbo nucifera Gaertn.

【形态特征】多年生水生草本。根状茎横生，肥厚。叶圆形，盾状，全缘稍呈波状，上面光滑，具白粉；叶柄粗壮，圆柱形，中空，外面散生小刺。花梗和叶柄等长或稍长，也散生小刺；花瓣红色、粉红色或白色，矩圆状椭圆形至倒卵形。坚果椭圆形或卵形，果皮革质，坚硬，熟时黑褐色；种子卵形或椭圆形，种皮红色或白色。

【花 果 期】花期 6 ～ 8 月，果期 8 ～ 10 月。

【生　　境】多栽培，生在池塘或水田内。

粟米草科 Molluginaceae　　　　　　粟米草属 *Trigastrotheca*

45. 粟米草

Trigastrotheca stricta (L.) Thulin

【形态特征】一年生铺散草本。茎纤细，多分枝，具棱，无毛，老茎常为淡红褐色；叶 3 ～ 5 近轮生或对生，茎生叶披针形或线状披针形，全缘，中脉明显。花小，聚伞花序梗细长，顶生或与叶对生，花被片 5，淡绿色，椭圆形或近圆形。蒴果近球形，3 瓣裂；种子多数，肾形，深褐色，具多数颗粒状凸起。

【花 果 期】花期 6 ～ 8 月，果期 8 ～ 10 月。

【生　　境】生于空旷荒地、农田和海岸沙地。

毛茛科 Ranunculaceae   铁线莲属 *Clematis*

46. 威灵仙

Clematis chinensis Osbeck

【形态特征】木质藤本。一回羽状复叶有 5 小叶，偶尔基部一对以至第二对 2 ～ 3 裂至 2 ～ 3 小叶；小叶片纸质，卵形至卵状披针形，或为线状披针形等，基部圆形、宽楔形至浅心形，全缘，两面近无毛，或疏生短柔毛。常为圆锥状聚伞花序，多花，腋生或顶生；萼片开展，白色，长圆形或长圆状倒卵形。瘦果扁，卵形至宽椭圆形，有柔毛。

【花 果 期】花期 6 ～ 9 月，果期 8 ～ 11 月。

【生　　境】常见于山坡、山谷灌丛中或沟边、路旁草丛中，海拔 80 ～ 1500 m。

毛茛科 Ranunculaceae   翠雀属 *Delphinium*

47. 还亮草
Delphinium anthriscifolium Hance

【形态特征】一年生草本。茎无毛或上部疏被反曲的短柔毛，等距地生叶，分枝。叶为二至三回近羽状复叶，间或为三出复叶，有较长柄或短柄，近基部叶在开花时常枯萎；叶片菱状卵形或三角状卵形，羽片 2 ～ 4 对，对生，稀互生；花瓣紫色，无毛。种子扁球形，上部有螺旋状生长的横膜翅，下部约有 5 条同心的横膜翅。

【花果期】花期 3 ～ 5 月。

【生　　境】生于海拔 1200 m 以下丘陵或低山的山坡草丛或溪流边。

毛茛科 Ranunculaceae　　　　　　　　　　　毛茛属 *Ranunculus*

48. 毛茛
Ranunculus japonicus Thunb.

【形态特征】多年生草本。须根多数簇生，茎直立，中空，有槽，具分枝，生开展或贴伏的柔毛。叶片圆心形或五角形，基部心形或截形，叶柄生开展柔毛。下部叶与基生叶相似，渐向上叶柄变短，叶片较小。聚伞花序有多数花，萼片椭圆形，生白柔毛；花瓣 5，倒卵状圆形；花托短小，无毛。聚合果近球形；瘦果扁平，无毛。

【花 果 期】4～9月。

【生　　境】生于田沟旁和林缘路边的湿草地上，海拔 2500 m 以下。

毛茛科 Ranunculaceae　　　　　　　　　毛茛属 *Ranunculus*

49. 石龙芮
Ranunculus sceleratus L.

【形态特征】一年生草本。须根簇生；茎直立，上部多分枝，具多数节，下部节上有时生根，无毛或疏生柔毛。基生叶多数；叶片肾状圆形，基部心形，叶柄近无毛。茎生叶多数，下部叶与基生叶相似；聚伞花序有多数花，花小，无毛。聚合果长圆形；瘦果倒卵球形，稍扁，无毛，喙短。

【花果期】5～8月。

【生　　境】生于河沟边及平原湿地。

毛茛科 Ranunculaceae   **毛茛属** *Ranunculus*

50. 扬子毛茛

Ranunculus sieboldii Miq.

【形态特征】多年生草本。须根伸长簇生；茎铺散，斜升，下部节偃地生根，多分枝，密生开展的白色或淡黄色柔毛。基生叶与茎生叶相似；叶片圆肾形至宽卵形，基部心形，中央小叶宽卵形或菱状卵形，花与叶对生；花瓣 5，黄色或上面变白色，狭倒卵形至椭圆形。聚合果圆球形；瘦果扁平，无毛。

【花 果 期】5 ～ 10 月。

【生　　境】生于海拔 2500 m 以下的山坡林边及平原湿地。

毛茛科 Ranunculaceae　　　　　　　天葵属 *Semiaquilegia*

51. 天葵

Semiaquilegia adoxoides (DC.) Makino

【形态特征】 基生叶多数，为掌状三出复叶；叶片轮廓卵圆形至肾形；小叶扇状菱形或倒卵状菱形，三深裂，两面均无毛；花小，苞片小，倒披针形至倒卵圆形，不裂或三深裂；花瓣匙形，顶端近截形，基部凸起呈囊状。种子卵状椭圆形，褐色至黑褐色。

【花 果 期】 花期 3 ～ 4 月，果期 4 ～ 5 月。

【生　　境】 生于海拔 100 ～ 1050 m 的疏林下、路旁或山谷地的较阴处。

罂粟科 Papaveraceae   **紫堇属** *Corydalis*

52. 夏天无

Corydalis decumbens (Thunb.) Pers.

【形态特征】多年生草本；块茎小，圆形或多少伸长；茎柔弱，细长，不分枝，具 2 ～ 3 叶，无鳞片。叶二回三出，小叶片倒卵圆形，全缘或深裂成卵圆形或披针形的裂片。总状花序疏具 3 ～ 10 朵花。苞片小，卵圆形，全缘。花近白色至淡粉红色或淡蓝色。外花瓣顶端下凹，常具狭鸡冠状突起。蒴果线形。

【花 果 期】花期 4 ～ 5 月，果期 5 ～ 6 月。

【生　　境】生于山坡或路边草地上，海拔 80 ～ 300 m。

十字花科 Brassicaceae　　　　　　诸葛菜属 *Orychophragmus*

53. 诸葛菜

Orychophragmus violaceus (Linnaeus) O. E. Schulz

【形态特征】 一年或二年生草本，无毛。茎单一，直立，浅绿色或带紫色。基生叶及下部茎生叶大头羽状全裂，顶裂片近圆形或短卵形；上部叶长圆形，顶端急尖，基部耳状，抱茎，边缘有不整齐牙齿。花紫色、浅红色或褪成白色，花萼筒状，紫色。长角果线形。种子卵形至长圆形，黑棕色。

【花果期】 花期 4～5 月，果期 5～6 月。

【生　境】 生于平原、山地、路旁或地边，海拔 1400 m 以下。

十字花科 Brassicaceae

蔊菜属 *Rorippa*

54. 蔊菜
Rorippa indica (L.) Hiern

【形态特征】一或二年生直立草本。茎单一或分枝，具纵沟，单叶互生，基生叶及茎下部叶具长柄，羽状分裂，顶裂片大，卵状披针形，具不整齐牙齿，侧裂片 1 ～ 5 对；茎上部叶宽披针形或近匙形。总状花序顶生或侧生，花小，多数，具细花梗；萼片 4，卵状长圆形，花瓣黄色，四强雄蕊。长角果线状圆柱形，短而粗。

【花果期】花期 4 ～ 6 月，果期 6 ～ 8 月。

【生　境】生于路旁、田边、园圃、河边及山坡路旁等较潮湿处，海拔 1500 m 以下。

景天科 Crassulaceae   景天属 *Sedum*

55. 大叶火焰草

Sedum drymarioides Hance

【形态特征】一年生草本。植株全体有腺毛。茎斜上，分枝多，细弱。下部叶对生或 4 叶轮生，上部叶互生，卵形至宽卵形。花序疏圆锥状；花少数，两性；萼片 5，长圆形至披针形，先端近急尖；花瓣白色。种子长圆状卵形，有纵纹。

【花 果 期】花期 4～6 月，果期 8 月。

【生　　境】生于海拔 940 m 以下低山阴湿岩石上。

景天科 Crassulaceae

景天属 *Sedum*

56. 凹叶景天

Sedum emarginatum Migo

【形态特征】多年生草本。叶对生，匙状倒卵形至宽卵形。花序聚伞状，顶生，有多花，常有 3 个分枝；花无梗；萼片 5，披针形至狭长圆形，先端钝；基部有短距；花瓣黄色，鳞片 5，长圆形，钝圆，心皮 5，长圆形，基部合生。蓇葖果略叉开，腹面有浅囊状隆起；种子细小，褐色。

【花 果 期】花期 5～6 月，果期 6 月。

【生　　境】生于山坡阴湿处。

虎耳草科 Saxifragaceae 　　　　　　　　　　　　　虎耳草属 *Saxifraga*

57. 虎耳草
Saxifraga stolonifera Curt.

【形态特征】多年生草本。鞭匐枝细长，密被卷曲长腺毛，具鳞片状叶。茎被长腺毛，具1～4枚苞片状叶。聚伞花序圆锥状，花序被腺毛；花梗细弱，被腺毛；萼片在花期开展至反曲，边缘具腺睫毛，腹面无毛，背面被褐色腺毛；花瓣白色，中上部具紫红色斑点，基部具黄色斑点。

【花 果 期】4～11月。

【生　　境】生于林下、灌丛、草甸和岩隙潮湿处。

金缕梅科 Hamamelidaceae   檵木属 *Loropetalum*

58. 檵木

Loropetalum chinense (R. Br.) Oliver

【形态特征】灌木或小乔木。嫩枝有星毛，老枝秃净；芽体细小，有褐色绒毛；叶革质，卵形，先端尖锐，基部钝，歪斜；花3～8朵簇生，有短花梗，白色，比新叶先开放，或与嫩叶同时开放，花序柄被毛，萼筒杯状，花瓣4片，带状。蒴果卵圆形，先端圆；种子圆卵形，黑色，发亮。

【花 果 期】花期3～4月，果期5～7月。

【生　　境】生于向阳的丘陵及山地，亦常出现在马尾松林及杉林下。

蔷薇科 Rosaceae   **蔷薇属 Rosa**

59. 金樱子

Rosa laevigata Michx.

【形态特征】常绿攀援灌木。小叶革质，椭圆状卵形，边缘有锐锯齿，上面亮绿色，无毛，下面黄绿色；小叶柄和叶轴有皮刺和腺毛；托叶离生或基部与叶柄合生。花单生于叶腋，花梗和萼筒密被腺毛，随果实成长变为针刺；萼片卵状披针形，先端呈叶状，边缘羽状浅裂或全缘；花瓣白色，宽倒卵形。果梨形、倒卵形，紫褐色。

【花 果 期】花期 4 ～ 6 月，果期 7 ～ 11 月。

【生　　境】喜生于向阳的山野、田边、溪畔灌木丛中，海拔 1600 m 以下。

蔷薇科 Rosaceae   **蔷薇属** *Rosa*

60. 野蔷薇

Rosa multiflora Thunb.

【形态特征】攀援灌木。小枝圆柱形，通常无毛，有短、粗稍弯曲皮束。小叶片倒卵形、长圆形或卵形，上面无毛，下面有柔毛。花多朵，排成圆锥状花序，无毛或有腺毛，有时基部有篦齿状小苞片；花的萼片披针形，有时中部具 2 个线形裂片，外面无毛，内面有柔毛；花瓣白色，宽倒卵形。果近球形，红褐色或紫褐色，有光泽，无毛，萼片脱落。

【花 果 期】花期 3 ～ 5 月，果期 6 ～ 10 月。

【生　　境】生于路边、田边、灌木丛等地。

蔷薇科 Rosaceae　　　　　　　　　　　　　　　**悬钩子属 *Rubus***

61. 山莓

Rubus corchorifolius L.f.

【形态特征】直立灌木。枝具皮刺，幼时被柔毛。单叶，卵形至卵状披针形，上面色较浅，沿叶脉有细柔毛，下面色稍深，幼时密被细柔毛；花梗具细柔毛；花萼外密被细柔毛，无刺；萼片卵形或三角状卵形；花瓣长圆形或椭圆形，白色，顶端圆钝，长于萼片。果实由很多小核果组成，近球形或卵球形，红色。

【花 果 期】花期 2～3 月，果期 4～6 月。

【生　　境】生于向阳山坡、溪边、山谷、荒地和疏密灌丛中潮湿处。

蔷薇科 Rosaceae

悬钩子属 *Rubus*

62. 蓬蘽

Rubus hirsutus Thunb.

【形态特征】灌木。枝红褐色或褐色，被柔毛和腺毛，疏生皮刺。小叶 3～5 枚，卵形，两面疏生柔毛，边缘具不整齐尖锐重锯齿；叶柄稀较长，均具柔毛和腺毛，并疏生皮刺；托叶披针形或卵状披针形，两面具柔毛。花常单生于侧枝顶端，也有腋生；花瓣倒卵形或近圆形，白色，基部具爪。果实近球形，无毛。

【花 果 期】花期 4 月，果期 5～6 月。

【生　　境】生于山坡路旁阴湿处或灌丛中，海拔达 1500 m。

蔷薇科 Rosaceae　　　　　　　　　　　　　　　　**悬钩子属 *Rubus***

63. 灰白毛莓
Rubus tephrodes Hance

【形态特征】攀援灌木。枝密被灰白色绒毛，疏生微弯皮刺。单叶，近圆形，上面有疏柔毛或疏腺毛，下面密被灰白色绒毛；叶柄具绒毛，疏生小皮刺或刺毛及腺毛；托叶小，离生，早落，深条裂或梳齿状深裂。大型圆锥花序顶生；花萼外密被灰白色绒毛；萼片卵形，顶端急尖，全缘；花瓣小，白色，近圆形至长圆形。果实球形，较大，熟时紫黑色。

【花 果 期】花期 6～8 月，果期 8～10 月。

【生　　境】生于山坡、路旁或灌丛中，海拔 50～1500 m。

豆科 Fabaceae   合萌属 *Aeschynomene*

64. 合萌

Aeschynomene indica L.

【形态特征】一年生草本或亚灌木状。多分枝，具小凸点而稍粗糙，小枝绿色。叶具20～30对小叶或更多；托叶膜质，卵形至披针形；小叶，薄纸质，线状长圆形，上面密布腺点，下面稍带白粉，小托叶极小。总状花序比叶短，腋生。荚果线状长圆形，直或弯曲，腹缝直，背缝多少呈波状；荚节平滑或中央有小疣凸，不开裂，成熟时逐节脱落；种子黑棕色，肾形。

【花 果 期】花期7～8月，果期8～10月。

【生　　境】生于山坡、路旁等地。

豆科 Fabaceae　　　　　　　　　　黄芪属 *Astragalus*

65. 紫云英
Astragalus sinicus L.

【形态特征】二年生草本，茎匍匐，多分枝，疏被白色柔毛。羽状复叶，有 7 ～ 13 小叶；托叶彼此离生，卵形；小叶倒卵形或椭圆形，上面近无毛，下面疏被柔毛。总状花序有 5 ～ 10 朵花，花密集呈伞形；子房无毛或疏被白色短柔毛，具短柄。荚果线状长圆形，稍弯曲，具短喙，成熟时黑色，具隆起的网纹。

【花 果 期】花期 2 ～ 6 月，果期 3 ～ 7 月。

【生　　境】生于海拔 50 ～ 3000 m 间的山坡、溪边及潮湿处。

豆科 Fabaceae   云实属 *Caesalpinia*

66. 云实

Caesalpinia decapetala (Roth) Alston

【形态特征】藤本。树皮暗红色；枝、叶轴和花序均被柔毛和钩刺。二回羽状复叶；羽片3～10对，具柄，基部有刺1对；小叶8～12对，对生，两面被短柔毛，老时渐无毛；托叶小，斜卵形，早落。荚果长圆状舌形脆革质，栗褐色，无毛，无刺，有光泽，沿腹缝线具窄翅，成熟时沿腹缝线开裂，顶端具尖喙；种子6～9，椭圆形种皮棕色。

【花 果 期】4～10月。

【生　　境】生于山坡灌丛中及平原、丘陵、河旁等地。

豆科 Fabaceae　　　　　　　　　　　　野扁豆属 *Dunbaria*

67. 野扁豆

Dunbaria villosa (Thunb.) Makino

【形态特征】多年生缠绕草本。茎细弱，微具纵棱，略被短柔毛。羽状 3 小叶；托叶细小，常早落；小叶薄纸质，顶生小叶较大，菱形或近三角形，小叶干后略带黑褐色，基出脉 3。总状花序或复总状花序腋生；密被极短柔毛；花萼钟状，被短柔毛和锈色腺点，4 齿裂；花冠黄色，旗瓣近圆形。荚果线状长圆形；种子近圆形，黑色。

【花果期】花期 7～9 月。

【生　　境】常生于旷野或山谷路旁灌丛中。

豆科 Fabaceae

大豆属 *Glycine*

68. 野大豆

Glycine soja Siebold.et Zucc.

【形态特征】一年生缠绕草本，全株疏被褐色长硬毛。根草质，侧根密生于主根上部。茎纤细，叶具3小叶，顶生小叶卵圆形或卵状披针形，两面均密被绢质糙伏毛，侧生小叶偏斜。总状花序；花小，花冠淡紫红色或白色；荚果长圆形，稍弯，两侧扁，种子间稍缢缩，干后易裂，种子椭圆形，稍扁，褐色或黑色。

【花果期】花期7～8月，果期8～10月。

【生　境】生于潮湿的田边、园边、沟旁、湖边等地。

豆科 Fabaceae   苜蓿属 *Medicago*

69. 南苜蓿

Medicago polymorpha L.

【形态特征】一、二年生草本。茎近四棱形，基部分枝，无毛或微被毛。羽状三出复叶；托叶大，卵状长圆形，边缘具不整齐条裂，成丝状细条或深齿状缺刻，脉纹明显。小叶倒卵形或三角状倒卵形，上面无毛，下面被疏柔毛，无斑纹。花序头状伞形，荚果盘形，暗绿褐色。种子长肾形，棕褐色，平滑。

【花 果 期】花期3～5月，果期5～6月。

【生   境】生于潮湿的路边、田边、沟旁等地。

豆科 Fabaceae

油麻藤属 *Mucuna*

70. 油麻藤

Mucuna sempervirens Hemsl.

【形态特征】 常绿木质藤本。羽状复叶具 3 小叶，顶生小叶椭圆形或长圆形，长侧生小叶极偏斜。总状花序生于老茎上，每节具 3 花，有臭味；花萼杯状，外面密被褐色短伏毛和稀疏长硬毛，内面被绢质绒毛；荚果带形，木质，边缘加厚为一圆形的脊，无翅，被红褐色短伏毛和长刚毛，种子间缢缩，种子扁长圆形。

【花 果 期】 花期 4～5 月，果期 8～10 月。

【生　　境】 生于灌木丛、溪谷、河边等地。

豆科 Fabaceae   野豌豆属 *Vicia*

71. 救荒野豌豆

Vicia sativa L.

【形态特征】 多年生草本。根茎匍匐，茎柔细斜升或攀援，具棱，疏被柔毛。偶数羽状复叶卷须发达；托叶半戟形，有 2～4 裂齿；小叶 5～7 对，长卵圆形或长圆状披针形，两面被疏柔毛，下面毛较密。总状花序；花序梗几不明显；花冠紫红色或浅粉红色，稀白色。荚果扁，长圆形，成熟时亮黑色，顶端具喙。

【花 果 期】 花期 6 月，果期 7～8 月。

【生　　境】 生于山坡、林缘草丛等。

酢浆草科 Oxalidaceae   酢浆草属 *Oxalis*

72. 酢浆草
Oxalis corniculata L.

【形态特征】草本全株被柔毛。根茎稍肥厚。茎细弱，多分枝，直立或匍匐，匍匐茎节上生根。叶基生或茎上互生；托叶小，长圆形或卵形，边缘被密长柔毛，基部与叶柄合生，或同一植株下部托叶明显，而上部托叶不明显；花单生或数朵集为伞形花序状，腋生，总花梗淡红色，与叶近等长；种子长卵形，褐色或红棕色，具横向肋状网纹。

【花 果 期】花、果期 2 ～ 9 月。

【生   境】生于山坡草池、河谷沿岸、路边、田边、荒地或林下阴湿处等。

牻牛儿苗科 Geraniaceae   老鹳草属 *Geranium*

73. 野老鹳草

Geranium carolinianum L.

【形态特征】多年生草本。根为直根，较粗壮，少分枝。茎多数仰卧或蔓生，具节，被柔毛。叶对生，二回羽状深裂，小裂片卵状条形，全缘或疏生齿，上面疏被伏毛，下面被柔毛，沿脉被毛较密。伞形花序，腋生，花序梗被开展长柔毛和倒向短柔毛；萼片长圆状卵形，被长糙毛；花瓣白色或粉红色，倒卵形。蒴果密被糙毛，种子褐色，具斑点。

【花 果 期】花期6～8月，果期8～9月。

【生　　境】生于干山坡、农田边、沙质河滩地和草原凹地等。

芸香科 Rutaceae   花椒属 *Zanthoxylum*

74. 竹叶花椒

Zanthoxylum armatum DC.

【形态特征】落叶小乔木。茎枝多锐刺，刺基部宽而扁，红褐色，小枝上的刺劲直，水平抽出，小叶 3 ～ 9，对生，纸质，几无柄，披针形，小叶背面中脉上常有小刺，仅叶背基部中脉两侧有丛状柔毛。翼叶明显，稀仅有痕迹。花序近腋生或同时生于侧枝之顶。果紫红色，有微凸起少数油点；种子褐黑色。

【花 果 期】花期 4 ～ 5 月，果期 8 ～ 10 月。

【生　　境】生于林下或路边。

棟科 Meliaceae   棟属 *Melia*

75. 棟

Melia azedarach L.

【形态特征】落叶乔木。二至三回奇数羽状复叶，小叶卵形、椭圆形或披针形，具钝齿，幼时被星状毛，后脱落，侧脉 12 ～ 16 对；花芳香；花萼 5 深裂，裂片卵形或长圆状卵形；花瓣淡紫色，倒卵状匙形，两面均被毛。核果球形或椭圆形。

【花果期】花期 4 ～ 5 月，果期 10 ～ 11 月。

【生　　境】生于低海拔旷野、路旁或疏林中，现已广泛引种栽培。

远志科 Polygalaceae   远志属 *Polygala*

76. 瓜子金

Polygala japonica Houtt.

【形态特征】多年生草本。茎、枝直立或外倾，绿褐色或绿色，具纵棱，被卷曲短柔毛。单叶互生，厚纸质，卵形或卵状披针形，全缘，叶面绿色，背面淡绿色；花瓣 3，白色至紫色，基部合生，侧瓣长圆形，基部内侧被短柔毛，龙骨瓣舟状，具流苏状鸡冠样附属物。蒴果圆形，顶端凹陷，具喙状突尖。种子卵形，黑色，密被白色短柔毛。

【花 果 期】花期 4～5 月，果期 5～8 月。

【生　　境】生于山坡草地或田埂上。

大戟科 Euphorbiaceae

山麻秆属 *Alchornea*

77. 山麻秆

Alchornea davidii Franch.

【形态特征】落叶灌木。叶薄纸质，阔卵形或近圆形，边缘具粗锯齿或具细齿，齿端具腺体；小托叶线状，具短毛；叶柄具短柔毛。雌雄异株：雄花，花萼花蕾时球形，无毛；雌花，萼片 5 枚，长三角形，具短柔毛。蒴果近球形，具 3 圆棱，密生柔毛；种子卵状三角形，种皮淡褐色或灰色，具小瘤体。

【花 果 期】花期 3 ～ 5 月，果期 6 ～ 7 月。

【生　　境】生于海拔 700 m 以下的沟谷或溪畔、河边的坡地灌丛中。

大戟科 Euphorbiaceae　　　　　　　　　　　　野桐属 *Mallotus*

78. 白背叶

Mallotus apelta (Lour.) Muell. Arg.

【形态特征】小乔木或灌木状。叶互生，卵形或宽卵形，疏生齿，下面被灰白色星状绒毛，散生橙黄色腺体，基脉5出，侧脉6～7对。穗状花序或雄花序有时为圆锥状，雄花苞片卵形，花萼裂片4，卵形或三角形；雌花苞片近三角形。蒴果近球形，密生线形软刺，密被灰白色星状毛。

【花 果 期】花期6～9月，果期8～11月。

【生　　境】生于海拔30～1000 m山坡或山谷灌丛中。

大戟科 Euphorbiaceae
乌桕属 *Triadica*

79. 乌桕
Triadica sebifera (Linnaeus) Small

【形态特征】乔木，各部均无毛而具乳状汁液。树叶互生，纸质，叶片菱形或菱状卵形，皮暗灰色，有纵裂纹；枝广展，具皮孔。花单性，雌雄同株，聚集成顶生、总状花序，苞片阔卵形。蒴果梨状球形，成熟时黑色，具3种子，种子扁球形，黑色，外被白色、蜡质的假种皮。

【花 果 期】花期5～7月，果期9～12月。

【生　　境】生于山坡或疏林中。

冬青科 Aquifoliaceae   冬青属 *Ilex*

80. 枸骨

Ilex cornuta Lindl. et Paxt.

【形态特征】常绿灌木或小乔木。小枝粗，具纵沟，沟内被微柔毛；叶二型，四角状长圆形，先端宽三角形，有硬刺齿，或长圆形、卵形及倒卵状长圆形，全缘，侧脉 5～6 对；叶柄被微柔毛；花序簇生叶腋，花 4 基数，淡黄绿色。

【花 果 期】花期 4～5 月，果期 10～12 月。

【生　　境】生于山坡、丘陵等的灌丛、疏林中以及路边、溪旁和村舍附近。

卫矛科 Celastraceae   卫矛属 *Euonymus*

81. 扶芳藤
Euonymus fortunei (Turcz.) Hand. -Mazz.

【形态特征】 常绿藤本灌木；小枝方棱不明显。叶薄革质，椭圆形或长倒卵形，宽窄变异较大，边缘齿浅不明显，侧脉细微和小脉全不明显；聚伞花序 3～4 次分枝；花白绿色，4 数；花盘方形。蒴果粉红色，果皮光滑，近球状；果序梗长 2～3.5 cm；小果梗长 5～8 mm；种子长方椭圆状，棕褐色，假种皮鲜红色，全包种子。

【花 果 期】 花期 6 月，果期 10 月。

【生　　境】 生于山坡丛林中。

葡萄科 Vitaceae   乌蔹莓属 *Causonis*

82. 乌蔹莓

Causonis japonica (Thunb.) Raf.

【形态特征】草质藤本。枝卷须 2～3 叉分枝，叶为鸟足状 5 小叶复叶，椭圆形至椭圆披针形，先端渐尖，基部楔形或宽圆，具疏锯齿，中央小叶显著狭长；花为复二歧聚伞花序，腋生，花萼碟形，花瓣三角状宽卵形，花盘发达；果近球形，有种子 2～4；种子倒三角状卵圆形，腹面两侧洼穴从近基部向上过种子顶端。

【花果期】花期 3～8 月，果期 8～11 月。

【生　境】生于旷野、路边或疏林中。

锦葵科 Malvaceae   苘麻属 *Abutilon*

83. 苘麻

Abutilon theophrasti Medicus

【形态特征】一年生亚灌木状直立草本。叶互生，圆心形，具细圆锯齿，两面密被星状柔毛；叶柄被星状柔毛；托叶披针形，早落；花单生叶腋；花梗被柔毛，近顶端具节；花萼杯状，密被绒毛，裂片5，卵状披针形，花冠黄色，花瓣5，倒卵形；分果15～20个，半球形，被粗毛，顶端具2长芒；种子肾形，黑褐色，被星状柔毛。

【花 果 期】花期7～8月。

【生　　　境】常见于路旁、荒地和田野间。

狝猴桃科 Actinidiaceae   狝猴桃属 *Actinidia*

84. 中华狝猴桃

Actinidia chinensis Planch.

【形态特征】落叶藤本。幼枝被灰白色绒毛、褐色长硬毛或锈色硬刺毛，后脱落无毛。营养枝的叶宽卵圆形或椭圆形，花枝的叶近圆形。聚伞花序具 1 ～ 3 花，被灰白或黄褐色绒毛；花初白色，后橙黄色，果黄褐色，近球形，被灰白色绒毛，易脱落，具淡褐色斑点，宿萼反折。

【花 果 期】花期 4 ～ 5 月，果期 8 ～ 10 月。

【生　　境】生于高草灌丛、灌木林或次生疏林中。

山茶科 Theaceae   山茶属 *Camellia*

85. 川鄂连蕊茶

Camellia rosthorniana Handel -Mazz.

【形态特征】 灌木。嫩枝纤细，密生短柔毛。叶薄革质，长椭圆形，上面干后暗绿色，无光泽，中脉有残留短毛，下面通常无毛，侧脉约 6 对，边缘密生细小尖锯齿，叶柄有柔毛。花腋生及顶生，白色，有苞片 3～4 片；苞片卵形或圆形，无毛，先端有睫毛；花萼杯状，萼片 5 片，不等长；花冠白色，花瓣 5～7 片。果实有宿存苞片及萼片；蒴果圆球形。

【花 果 期】 花期 3～4 月，果期 6～10 月。

【生　　境】 常生于山谷灌丛，山坡、林缘、路边灌丛以及山坡林中。

金丝桃科 Hypericaceae   金丝桃属 *Hypericum*

86. 地耳草

Hypericum japonicum Thunb. ex Murray

【形态特征】一年生或多年生草本。叶卵形或椭圆形，先端尖或圆，基部心形抱茎至平截，基脉 1～3，侧脉 1～2 对。花平展；萼片窄长圆形、披针形或椭圆形，花冠白、淡黄至橙黄色，花瓣椭圆形，先端钝，无腺点，宿存。蒴果短圆柱形或球形，无腺纹。

【花 果 期】花期 3～4 月，果期 6～10 月。

【生　　境】生于田边、沟边、草地以及撂荒地上，海拔 2800 m 以下。

金丝桃科 Hypericaceae　　　　　　　　金丝桃属 *Hypericum*

87. 元宝草

Hypericum sampsonii Hance

【形态特征】 多年生草本。叶披针形或倒披针形，先端钝，基部合生抱茎，边缘密生黑色腺点，侧脉 4 对。伞房状花序顶生，连同下方常多达 6 个腋生花枝整体形成圆锥花序，蒴果宽卵球形或卵球状圆锥形，被黄褐色囊状腺体。

【花 果 期】 花期 5 ～ 6 月，果期 7 ～ 8 月。

【生　　境】 生于路旁、山坡、草地、灌丛、田边、沟边等地，海拔 1200 m 以下。

金丝桃科 Hypericaceae　　　　　　　　　　　金丝桃属 *Hypericum*

88. 金丝桃

Hypericum monogynum L.

【形态特征】灌木。叶倒披针形、椭圆形或长圆形，具小突尖，基部楔形或圆形，上部叶有时平截至心形，侧脉 4～6 对，网脉密，明显；近无柄。花序近伞房状。蒴果宽卵球形，稀卵状圆锥形或近球形。

【花 果 期】花期 5～8 月，果期 8～9 月。

【生　　境】生于山坡、路旁或灌丛中。

董菜科 Violaceae   董菜属 *Viola*

89. 七星莲

Viola diffusa Ging.

【形态特征】一年生草本，全体被糙毛或白色柔毛，或近无毛，花期在地上生出匍匐枝。匍匐枝先端具莲座状叶丛，通常生不定根。根状茎短，具多条白色细根及纤维状根。叶片卵形或卵状长圆形。花较小，淡紫色或浅黄色，具长梗，生于基生叶或匍匐枝叶丛的叶腋间；萼片披针形，边缘疏生睫毛。蒴果长圆形，无毛。

【花果期】花期 3～5 月，果期 5～8 月。

【生　　境】生于山地林下、林缘、草坡、溪谷旁、岩石缝隙中。

瑞香科 Thymelaeaceae　　　　　　　　　　　　　瑞香属 *Daphne*

90. 芫花

Daphne genkwa Sieb. et Zucc.

【形态特征】落叶灌木，多分枝；树皮褐色，无毛；小枝圆柱形，细瘦，干燥后多具皱纹，幼枝黄绿色或紫褐色，密被淡黄色丝状柔毛，老枝紫褐色或紫红色，无毛。叶对生，稀互生，纸质，卵形或卵状披针形，全缘，上面绿色，下面淡绿色；叶柄具灰色柔毛。花先于叶开放，紫色或淡紫蓝色，无香味，常 3～6 朵簇生于叶腋或侧生，花梗短，具灰黄色柔毛。果实肉质，白色，椭圆形，具 1 颗种子。

【花果期】花期 3～5 月，果期 6～7 月。

【生　境】喜温暖气候，性耐旱怕涝，常生于肥沃疏松的砂质土壤中。

胡颓子科 Elaeagnaceae　　　　　　　　　胡颓子属 *Elaeagnus*

91. 胡颓子
Elaeagnus pungens Thunb.

【形态特征】 常绿直立灌木，具刺，刺深褐色。幼枝微扁棱形，密被锈色鳞片，老枝鳞片脱落，黑色，具光泽。叶革质，椭圆形，两端钝形或基部圆形，边缘微反卷或皱波状；叶柄深褐色。花白色或淡白色，下垂，密被鳞片；萼筒圆筒形或漏斗状圆筒形。果实椭圆形，幼时被褐色鳞片，成熟时红色，果核内面具白色丝状棉毛。

【花 果 期】 花期 9～12 月，果期次年 4～6 月。

【生　　境】 生于海拔 1000 m 以下的向阳山坡或路旁。

千屈菜科 Lythraceae　　　　　　　　　　紫薇属 *Lagerstroemia*

92. 紫薇

Lagerstroemia indica L.

【形态特征】落叶灌木或小乔木，树皮平滑，灰色或灰褐色。叶互生或有时对生，椭圆形至倒卵形，无毛或下面沿中脉有微柔毛，侧脉 3～7 对；无柄或叶柄很短。花淡红色、紫色或白色，常组成顶生圆锥花序。花瓣 6，皱缩，具长爪；蒴果椭圆状球形。

【花 果 期】花期 6～9 月，果期 9～12 月。

【生　　境】喜肥沃湿润的土壤，耐旱，现多栽培供观赏。

千屈菜科 Lythraceae　　　　　　　　　　　　　节节菜属 *Rotala*

93. 圆叶节节菜

Rotala rotundifolia (Buch. -Ham. ex Roxb.) Koehne

【形态特征】一年生草本，无毛。根茎细长，匍匐地上；茎单一或稍分枝，直立，丛生，带紫红色。叶对生，近圆形或阔椭圆形。花单生于苞片内，组成顶生稠密的穗状花序；花极小，几无梗；苞片叶状，小苞片 2 枚；萼筒阔钟形，膜质，半透明，裂片 4，三角形，裂片间无附属体；花瓣 4，倒卵形，淡紫红色。蒴果椭圆形。

【花果期】花、果期 12 月至次年 6 月。

【生　　境】生于水田周边或潮湿处。

山茱萸科 Cornaceae   八角枫属 *Alangium*

94. 瓜木

Alangium platanifolium (Sieb. et Zucc.) Harms

【形态特征】落叶灌木或小乔木。树皮平滑；小枝纤细，常稍弯曲，略呈"之"字形，当年生枝淡黄褐色或灰色，近无毛；叶纸质，近圆形，边缘呈波状或钝锯齿状，上面深绿色，下面淡绿色，聚伞花序生叶腋，通常有3～5朵花，花萼近钟形，外面具稀疏短柔毛，花瓣紫红色。核果长卵圆形，顶端宿存萼齿及花盘。

【花 果 期】花期3～7月，果期7～9月。

【生   境】生于土质比较疏松而肥沃的向阳山坡或疏林中。

菱科 Trapaceae　　　　　　　　　　　　　　　　　菱属 *Trapa*

95. 欧菱

Trapa natans L.

【形态特征】一年生草本，浮水生长。根二型：着泥根细铁丝状，生水底泥中；同化根，羽状细裂，裂片丝状，绿褐色。茎柔弱，分枝。叶二型：浮水叶互生，叶片三角状菱圆形，表面深亮绿色，背面绿色带紫，疏生淡棕色短毛，全缘，沉水叶小，早落。花小，单生于叶腋，两性，花瓣白色。果三角状菱形，具4刺角，2肩角斜上伸，2腰角向下伸，刺角扁锥状，果喙圆锥状。

【花果期】花期7～9月，果期8～11月。

【生　境】喜生于湖泊或旧河床中。

菱科 Trapaceae   菱属 *Trapa*

96. 细果野菱
Trapa incisa Sieb. et Zucc.

【形态特征】一年生草本，浮水生长。茎细柔弱，分枝；浮水叶互生，成莲座状菱盘，叶较小，斜方形或三角状菱形，上面深亮绿色，下面绿色，疏被短毛或无毛，有棕色马蹄形斑块，中上部有缺刻状锐齿，基部宽楔形；叶柄中上部稍膨大，绿色无毛；花小，单生叶腋；花梗细，无毛；花瓣 4，白色，或带微紫红色。坚果三角形，凹凸不平，细锥状；果喙细圆锥形成尖头帽状。

【花 果 期】花期 5 ～ 10 月，果期 7 ～ 11 月。

【生　　境】生于湖湾、池塘、河湾中。

小二仙草科 Haloragaceae　　　　狐尾藻属 *Myriophyllum*

97. 穗状狐尾藻
Myriophyllum spicatum L.

【形态特征】 多年生沉水草本。根状茎发达，在水底泥中蔓延，节部生根。茎圆柱形。叶常 5 片轮生，丝状全细裂，叶细线形。花两性、单性或杂性，雌雄同株，单生于苞片状叶腋内，常 4 朵轮生。如为单性花，则上部为雄花，下部为雌花，中部有时为两性花，基部有一对苞片，全缘或呈羽状齿裂。花瓣 4，阔匙形，凹陷，顶端圆形、粉红色。分果广卵形或卵状椭圆形，具 4 纵深沟，沟缘表面光滑。

【花 果 期】 花期从春到秋陆续开放，4～9 月陆续结果。

【生　　境】 常生于池塘、河沟、沼泽中。

小二仙草科 Haloragaceae   狐尾藻属 *Myriophyllum*

98. 粉绿狐尾藻
Myriophyllum aquaticum (Vell.)Verdc.

【形态特征】多年生挺水或沉水草本，植株长度 50～80 cm。茎上部直立，下部具有沉水性。叶轮生，多为 5 叶轮生，叶片圆扇形，一回羽状，两侧有 8～10 片淡绿色的丝状小羽片。雌雄异株，穗状花序，白色，分果。

【花 果 期】花期 7～8 月。

【生　　境】常生于池塘、沟渠、沼泽中。

五加科 Araliaceae   八角金盘属 *Fatsia*

99. 八角金盘

Fatsia japonica (Thunb.) Decne. et Planch.

【形态特征】常绿灌木或小乔木。叶革质，近圆形，掌状 7 ～ 11 深裂，裂片卵状长圆形或椭圆形，表面深绿而有光泽。花乳白色，球状伞形花序聚生成顶生圆锥花序；花瓣 5，无毛，黄白色。

【花 果 期】秋冬开花，初夏果熟。

【生　　境】广泛栽培或偶有归化。

五加科 Araliaceae　　　　　　　　　　　　常春藤属 *Hedera*

100. 常春藤
Hedera nepalensis var. *sinensis* (Tobl.) Rehd.

【形态特征】常绿攀援灌木。茎灰棕色或黑棕色，有气生根；叶片革质，在不育枝上通常为三角状卵形，稀三角形或箭形，花枝上的叶片通常为椭圆状卵形，上面深绿色，有光泽，下面淡绿色或淡黄绿色，无毛或疏生鳞片。伞形花序，单个顶生或数个总状排列，或伞房状排列成圆锥花序，花淡黄白色或淡绿白色，芳香，花瓣 5，三角状卵形；果实球形，红色或黄色。

【花 果 期】花期 9～11 月，果期次年 3～5 月。

【生　　境】常攀援于林缘树木、林下路旁、岩石和房屋墙壁上。

五加科 Araliaceae   天胡荽属 *Hydrocotyle*

101. 天胡荽
Hydrocotyle sibthorpioides Lam.

【形态特征】多年生草本，有气味。茎细长而匍匐，平铺地上成片，节上生根。叶片膜质至草质，圆形或肾圆形，裂片阔倒卵形，边缘有钝齿，表面光滑；托叶略呈半圆形，薄膜质。伞形花序与叶对生，单生于节上；小总苞片卵形至卵状披针形，膜质，有黄色透明腺点；伞形花序有花 5～18 朵，花瓣卵形，绿白色。果实略呈心形，两侧扁压，幼时表面草黄色，成熟时有紫色斑点。

【花果期】4～9 月。

【生 境】常生长在湿润的草地、河沟边、林下，为广布种。

五加科 Araliaceae　　　　　　　　　天胡荽属 *Hydrocotyle*

102. 南美天胡荽

Hydrocotyle verticillata Thunb.

【形态特征】多年生草本，株高5～15 cm。茎蔓性，细长，分枝，节上常生根；叶对生，具长柄，圆盾形，边缘波状，绿色，光亮；伞形花序，小花白色。又名铜钱草，作为水景植物引入中国后，在长江流域及其以南地区的湿地造景中被广泛应用，并且在园林绿化、水生景观的营造中其使用频度和广度仍在不断增加，造成泛滥。

【花 果 期】6～8月。

【生　　境】常生长在湿润的草地、河沟边，为外来入侵物种。

伞形科 Apiaceae   **积雪草属** *Centella*

103. 积雪草

Centella asiatica (L.) Urban

【形态特征】多年生草本。茎匍匐，细长，节上生根。叶片圆形、肾形或马蹄形，边缘有钝锯齿，基部阔心形，两面无毛或在背面脉上疏生柔毛，叶柄无毛或上部有柔毛，基部叶鞘透明，膜质。伞形花序花有 2～4 个，聚生于叶腋，花瓣卵形，紫红色或乳白色。果实两侧扁压，圆球形，基部心形至平截形，表面有毛或平滑。

【花 果 期】4～10 月。

【生　　境】喜生于阴湿的草地或水沟边，海拔 1900 m 以下。

伞形科 Apiaceae   水芹属 *Oenanthe*

104. 水芹

Oenanthe javanica (Bl.)DC.

【形态特征】多年生草本。茎直立或基部匍匐。基生叶有柄，基部有叶鞘；叶片轮廓三角形，一至二回羽状分裂，末回裂片卵形至菱状披针形，边缘有牙齿或圆齿状锯齿。复伞形花序顶生，无总苞片；伞形花序有 10 ～ 25 朵花。果近四角状椭圆形或筒状长圆形，侧棱较背棱和中棱隆起，木栓质。

【花果期】花期 6 ～ 7 月，果期 8 ～ 9 月。

【生　　境】多生于浅水低洼地方或池沼、水沟旁，农舍附近常见栽培。

伞形科 Apiaceae

窃衣属 *Torilis*

105. 窃衣

Torilis scabra (Thunb.) DC.

【形态特征】 一年或多年生草本。全体有贴生短硬毛；植株高达 70 cm。叶卵形，二回羽状分裂，小叶窄披针形或卵形，长 0.2～1 cm，宽 2～5 mm，先端渐尖，有缺刻状锯齿或分裂；叶柄长 3～4 cm。复伞形花梗长 1～8 cm，常无总苞片；伞辐 2～4，长 1～5 cm；小总苞片数个，钻形；伞形花序有花 3～10 朵；花白色或带淡紫色。果实长圆形。

【花 果 期】 4～11 月。

【生　　境】 生于山坡、林下、路旁、河边及空旷草地上。

三、被子植物双子叶合瓣花类

杜鹃花科 Ericaceae　　　　　　　　　　　　　**杜鹃花属** *Rhododendron*

106. 杜鹃

Rhododendron simsii Planch.

【形态特征】落叶灌木；分枝多而纤细，密被亮棕褐色扁平糙伏毛。叶革质，常集生枝端，卵形至倒披针形，边缘微反卷，具细齿，上面深绿色，疏被糙伏毛，下面淡白色，密被褐色糙伏毛。花芽卵球形。花簇生枝顶；花梗密被亮棕褐色糙伏毛；花萼5深裂，裂片三角状长卵形；花冠阔漏斗形，玫瑰色、鲜红色或暗红色，裂片5，倒卵形，上部裂片具深红色斑点。蒴果卵球形，密被糙伏毛；花萼宿存。

【花 果 期】花期4～5月，果期6～8月。

【生　　境】生于山地疏灌丛或松林下。

报春花科 Primulaceae   紫金牛属 *Ardisia*

107. 紫金牛

Ardisia japonica (Thunberg) Blume

【形态特征】小灌木或亚灌木，近蔓生，具匍匐根状茎；直立茎幼时被细微柔毛，以后无毛。叶对生或近轮生，叶片坚纸质或近革质，椭圆形至倒卵形，边缘具细锯齿，多少具腺点；叶柄被微柔毛。亚伞形花序，腋生或生于近茎顶端的叶腋；花萼基部连合，萼片卵形，有时具腺点；花瓣粉红色或白色，广卵形，无毛，具密腺点。果球形，鲜红色，成熟后黑色。

【花果期】花期 5 ～ 6 月，果期 11 ～ 12 月，有时次年 5 ～ 6 月仍有果。

【生　　境】常见于山间林下或竹林下。

报春花科 Primulaceae   点地梅属 *Androsace*

108. 点地梅
Androsace umbellata (Lour.) Merr.

【形态特征】一年生或二年生草本。叶全基生，被柔毛；叶近圆形或卵形，基部浅心形或近圆形，被贴伏柔毛；花冠白色，裂片倒卵状长圆形；花萼密被柔毛，分裂近基部，裂片菱状卵形，果时增大至星状展开；蒴果近球形，果皮白色，近膜质。

【花 果 期】花期2～4月，果期5～6月。

【生　　境】生于林缘、草地和疏林下。

报春花科 Primulaceae　　　　　　珍珠菜属 *Lysimachia*

109. 泽珍珠菜

Lysimachia candida Lindl.

【形态特征】一年生或二年生草本。全株无毛。茎叶互生，稀对生，近无柄；叶倒卵形、倒披针形或线形，两面有深色腺点；总状花序顶生；花萼裂片披针形，背面有黑色腺条；花冠白色，裂片长圆形。蒴果。

【花 果 期】花期 5～6 月，果期 7 月。

【生　　境】生于田边、溪边和山坡路旁潮湿处。

报春花科 Primulaceae   珍珠菜属 *Lysimachia*

110. 过路黄

Lysimachia christiniae Hance

【形态特征】多年生草本。茎柔弱，平卧延伸；叶对生，卵圆形至肾圆形，先端锐尖或圆钝至圆形，基部截形至浅心形；花单生叶腋，花萼分裂至近基部，花冠黄色，基部合生，质地稍厚，具黑色长腺条。蒴果球形，有稀疏黑色腺条。

【花 果 期】花期 5～7 月，果期 7～10 月。

【生　　境】生于沟边、路旁阴湿处和山坡林下。

报春花科 Primulaceae　　　　　　　　报春花属 *Primula*

111. 毛茛叶报春

Primula cicutariifolia Pax

【形态特征】 多年生柔弱草本，全株无毛。叶丛生，椭圆形或长圆形；花萼钟状，分裂达中部以下，裂片披针形，先端锐尖或稍钝；花冠淡红色或淡蓝紫色。蒴果近球形。

【花果期】 花期 3～4 月，果期 4～5 月。

【生　　境】 生于山谷林下阴湿处和常有滴水的岩石上。

安息香科 Styracaceae   **安息香属** *Styrax*

112. 白花龙

Styrax faberi Perk.

【形态特征】灌木。叶互生，纸质，倒卵形或椭圆状菱形，具细锯齿，当年生小枝幼叶两面密被褐色或灰色星状柔毛至无毛，老叶两面无毛；总状花序下部常单花腋生；花白色；小苞片钻形；花冠裂片膜质，披针形或长圆形。果倒卵形或近球形，种子卵形。

【花 果 期】花期 4 ～ 6 月，果期 8 ～ 10 月。

【生　　境】喜生于山区和丘陵地灌丛中。

夹竹桃科 Apocynaceae   鹅绒藤属 *Cynanchum*

113. 萝藦

Cynanchum rostellatum (Turcz.) Liede & Khanum

【形态特征】多年生草质藤本，具乳汁。茎圆柱状，下部木质化，上部较柔韧，表面淡绿色，有纵条纹。叶膜质，卵状心形，叶耳圆，叶面绿色，叶背粉绿色，两面无毛；总状式聚伞花序腋生，具长总花梗；小苞片膜质，披针形；花萼裂片披针形，外面被微毛；花冠白色，有淡紫红色斑纹，近辐状。种子扁平，卵圆形，褐色。

【花 果 期】花期 7 ～ 8 月，果期 9 ～ 12 月。

【生　　境】生长于林边荒地、山脚、河边、路旁灌木丛中。

夹竹桃科 Apocynaceae   **络石属** *Trachelospermum*

114. 络石

Trachelospermum jasminoides (Lindl.) Lem.

【形态特征】常绿木质藤本植物，具乳汁。茎圆柱形赤褐色，叶革质，叶片椭圆形或宽倒卵形，叶面无毛，叶柄短；聚伞花序圆锥状，顶生及腋生，花冠白色，裂片倒卵形，花冠与裂片等长，中部膨大，喉部无毛或在雄蕊着生处疏被柔毛。蓇葖果线状披针形，种子长圆形。

【花果期】花期 3～8 月，果期 6～12 月。

【生　　境】生于山野岩石上和攀伏在墙壁或树上。

旋花科 Convolvulaceae   菟丝子属 *Cuscuta*

115. 南方菟丝子

Cuscuta australis R. Br.

【形态特征】 一年生寄生草本。茎缠绕，金黄色，无叶。花序侧生，少花或多花簇生成小伞形或小团伞花序，总花序梗近无；苞片及小苞片鳞片状；花萼杯状，基部连合，裂片 3 ～ 5，通常不等大，顶端圆；花冠乳白色或淡黄色，杯状，约与花冠管近等长，直立，宿存。蒴果扁球形，通常有 4 颗种子，淡褐色，卵形，表面粗糙。

【花 果 期】 6 ～ 8 月。

【生　　境】 寄生于田边、路旁的豆科、菊科蒿子、马鞭草科牡荆属等草本植物或小灌木上。

旋花科 Convolvulaceae   菟丝子属 *Cuscuta*

116. 金灯藤
Cuscuta japonica Choisy

【形态特征】一年生直立草木而呈半灌木状，全体近无毛，茎基部稍木质化。叶卵形或广卵形，边缘有不规则的短齿或浅裂，或者全缘而呈波状。花单生于枝杈间或叶腋。花萼筒状，裂片狭三角形或披针形；花冠长漏斗状，筒中部之下较细，向上扩大呈喇叭状，白色、黄色或浅紫色。蒴果近球状，疏生粗短刺。种子淡褐色。

【花果期】3～12月。

【生　　境】寄生于田边、路旁的豆科、菊科蒿子、马鞭草科牡荆属等草本植物或小灌木上。

旋花科 Convolvulaceae

番薯属 *Ipomoea*

117. 牵牛

Ipomoea nil (Linnaeus) Roth

【形态特征】一年生缠绕草本，茎上被倒向的短柔毛或开展的长硬毛。叶宽卵形或近圆形，深或浅的 3 裂，偶 5 裂，叶面或疏或密被微硬的柔毛。花腋生；苞片线形或叶状，被开展的微硬毛；小苞片线形；萼片近等长，外面被开展的刚毛；花冠漏斗状，蓝紫色或紫红色，花冠管色淡。蒴果近球形，3 瓣裂。种子卵状三棱形。

【花果期】花期 6 ～ 8 月，果期 8 ～ 10 月。

【生　境】生于山坡灌丛、干燥河谷路边、园边宅旁、山地路边，或为栽培。

旋花科 Convolvulaceae   马蹄金属 *Dichondra*

118. 马蹄金
Dichondra micrantha Urban

【形态特征】多年生小草本。茎细长，被短柔毛，节上生根；叶肾形或圆形，先端圆或微缺，基部心形，上面被微毛，下面被平伏短柔毛；花单生叶腋，花柄短于叶柄，丝状；萼片倒卵状长圆形至匙形；蒴果近球形，小，短于花萼，膜质。种子1～2，黄色至褐色，无毛。

【花果期】6～8月。

【生　境】生于山坡草地、路旁或沟边。

紫草科 Boraginaceae　　　　　　　　　　　紫草属 *Lithospermum*

119. 梓木草

Lithospermum zollingeri A. DC.

【形态特征】根褐色，稍含紫色素；茎高可达 25 cm，淡紫色，被白色伸展的长硬毛；基生叶倒披针形或匙形，两面被短糙伏毛，具短柄；茎生叶较小，基部渐窄，近无柄；花序有花，排列稀疏，被白色长硬毛；具苞片；小坚果斜卵球形，乳白色，有时稍带淡黄色，平滑有光泽。

【花果期】5～8月。

【生　　境】生于丘陵或低山草坡，或灌丛下。

紫草科 Boraginaceae   **附地菜属** *Trigonotis*

120. 附地菜

Trigonotis peduncularis (Trev.) Benth. ex Baker et Moore

【形态特征】 二年生草本。茎常多条，直立或斜升，下部分枝，密被短糙伏毛；基生叶卵状椭圆形或匙形，先端钝圆，基部渐窄成叶柄，两面被糙伏毛，具柄；茎生叶长圆形或椭圆形；花序生茎顶，幼时卷曲，后渐次伸长；花梗短，花后伸长；花萼裂片卵形，先端急尖；花冠淡蓝色或粉色，筒部甚短。小坚果斜三棱锥状四面体形。

【花 果 期】 4～7月。

【生   境】 生于平原、丘陵草地、林缘、田间及荒地。

马鞭草科 Verbenaceae   马鞭草属 *Verbena*

121. 马鞭草
Verbena officinalis L.

【形态特征】多年生草本。茎四棱，节及棱被硬毛；叶卵形、倒卵形或长圆状披针形，基生叶常具粗齿及缺刻，茎生叶多 3 深裂，裂片具不整齐锯齿，两面被硬毛；花萼被硬毛；花冠淡紫色或蓝色，被微毛；穗状果序，小坚果长圆形。

【花 果 期】花期 6 ～ 8 月，果期 7 ～ 10 月。

【生　　境】喜生于路边、山坡、溪边或林旁。

唇形科 Lamiaceae   **紫珠属** *Callicarpa*

122. 白棠子树

Callicarpa dichotoma (Lour.) K. Koch

【形态特征】小灌木。多分枝；小枝细圆，幼枝被星状毛；叶倒卵形或卵状披针形，先端尖或渐尖，基部楔形，上部具粗齿，两面近无毛，下面密被黄腺点；花序梗细，疏被星状毛；苞片线形；花萼杯状，无毛，被腺点；花冠紫色，无毛；果实球形，紫色。

【花 果 期】花期5～6月，果期7～11月。

【生   境】生于低山丘陵灌丛中。

唇形科 Lamiaceae　　　　　　　　大青属 *Clerodendrum*

123. 臭牡丹

Clerodendrum bungei Steud.

【形态特征】灌木。小枝稍圆，皮孔显著；叶宽卵形或卵形，先端尖，基部宽楔形、平截或心形，具锯齿，两面疏被柔毛，下面疏被腺点，基部叶腋具盾状腺体；密被黄褐色柔毛；伞房状聚伞花序密集成头状；苞片披针形；花冠淡红色或紫红色；核果近球形，蓝黑色。

【花 果 期】3～11月。

【生　　境】生于山坡、林缘、沟谷、路旁、灌丛湿润处。

唇形科 Lamiaceae   风轮菜属 *Clinopodium*

124. 风轮菜

Clinopodium chinense (Benth.) O. Ktze.

【形态特征】茎基部匍匐，具细纵纹，密被短柔毛及腺微柔毛；叶卵形，基部圆或宽楔形，具圆齿状锯齿；轮伞花序具多花，半球形，苞片多数，针状；花萼窄管形，带紫红色，具芒尖，花冠紫红色，上唇先端微缺；小坚果黄褐色，倒卵球形。

【花 果 期】花期 5～8 月，果期 8～10 月。

【生   境】生于山坡、草丛、路边、沟边、灌丛、林下。

唇形科 Lamiaceae   活血丹属 *Glechoma*

125. 活血丹
Glechoma longituba (Nakai) Kupr.

【形态特征】多年生草本，具匍匐茎，上升，逐节生根。茎四棱形。叶草质，叶片心形或近肾形，叶脉不明显，下面常带紫色，被疏柔毛或长硬毛。轮伞花序通常具2花，稀具4～6花；苞片及小苞片线形，被缘毛。花冠淡蓝色、蓝色至紫色，下唇具深色斑点，冠筒直立，上部渐膨大成钟形，冠檐二唇形。花盘杯状，微斜。成熟小坚果深褐色，长圆状卵形。

【花 果 期】花期4～5月，果期5～6月。

【生　　境】生于林缘、疏林下、草地中、溪边等阴湿处。

唇形科 Lamiaceae

益母草属 *Leonurus*

126. 益母草

Leonurus japonicus Houttuyn

【形态特征】一年生或二年生草本。茎直立，钝四棱形，微具槽，有倒向糙伏毛，在节及棱上尤为密集；叶轮廓变化很大，茎下部叶轮廓为卵形，基部宽楔形，裂片呈长圆状菱形至卵圆形，上面绿色，有糙伏毛，叶脉稍下陷，下面淡绿色，被疏柔毛及腺点，花序最上部的苞叶近于无柄，线形或线状披针形；轮伞花序腋生；小坚果长圆状三棱形，基部楔形，淡褐色，光滑。

【花 果 期】花期 6～9 月，果期 9～10 月。

【生　　境】生于路边、山坡、林下草丛等地。

唇形科 Lamiaceae   鼠尾草属 *Salvia*

127. 丹参
Salvia miltiorrhiza Bunge

【形态特征】多年生直立草本。根肥厚，肉质，外面朱红色，内面白色，疏生支根。茎直立，四棱形，具槽，密被长柔毛，多分枝。叶常为奇数羽状复叶，小叶卵圆形，边缘具圆齿，草质。轮伞花序具 6 花或多花；苞片披针形，全缘。花萼钟形，带紫色，花后稍增大，具缘毛，二唇形。花冠紫蓝色，外被具腺短柔毛，冠檐二唇形。花盘前方稍膨大。小坚果黑色，椭圆形。

【花 果 期】4 ～ 8 月。

【生　　境】生于山坡、林下草丛或溪谷旁。

唇形科 Lamiaceae

鼠尾草属 *Salvia*

128. 荔枝草

***Salvia plebeia* R. Br.**

【形态特征】一年生或二年生草本。茎粗壮，多分枝，被倒向灰白柔毛；叶椭圆状卵形或椭圆状披针形，先端钝或尖，基部圆形或楔形，具齿；花萼钟形；花冠淡红色、淡紫色、紫色、紫蓝色或蓝色，稀白色，冠檐被微柔毛，冠筒无毛，内具毛环，上唇长圆形，下唇中裂片宽倒心形，侧裂片近半圆形。小坚果倒卵球形。

【花果期】花期 4～5 月，果期 6～7 月。

【生　境】生于山坡、路旁沟边田野的潮湿土壤。

唇形科 Lamiaceae　　　　　　　　黄芩属 *Scutellaria*

129. 半枝莲
Scutellaria barbata D. Don

【形态特征】 多年生草本。茎无毛或上部疏被平伏柔毛；叶三角状卵形或卵状披针形，基部宽楔形或近平截，疏生浅钝牙齿，两面近无毛或沿脉疏被平伏柔毛；叶柄疏被柔毛；总状花序不分明，顶生；下部苞叶椭圆形或窄椭圆形，小苞片针状，着生花梗中部；花梗被微柔毛；花萼沿脉被微柔毛，具缘毛；小坚果褐色，扁球形。

【花 果 期】 4 ～ 7 月。

【生　　境】 生于水田边、溪边或湿润草地上。

唇形科 Lamiaceae

黄芩属 *Scutellaria*

130. 粗齿黄芩

Scutellaria grossecrenata Merr. et Chun ex H. W. Li

【形态特征】直立草本。根茎平卧，具纤维状须根；茎四棱形，密被平展白色疏柔毛；叶坚纸质，宽卵圆形，边缘具粗大有时双重的圆齿，上面深绿色，被具节疏柔毛，下面较淡，被疏柔毛，满布黑紫色腺点；花对生；苞片早落。坚果，小。

【花 果 期】花期 5 月。

【生　　境】生于林下边缘等地。

唇形科 Lamiaceae　　　　　　　　　　　黄芩属 *Scutellaria*

131. 韩信草

Scutellaria indica L.

【形态特征】多年生草本。茎深紫色，被微柔毛；叶心状卵形或椭圆形，具圆齿；总状花序，苞片卵形或椭圆形，具圆齿，花萼被长硬毛及微柔毛，花冠蓝紫色，冠筒基部膝曲，下唇中裂片圆卵形，具深紫色斑点，侧裂片卵形；小坚果暗褐色，卵球形，具瘤，腹面近基部具一果脐。

【花果期】2～6月。

【生　　境】生于山地或丘陵、疏林下、路旁空地及草地上。

唇形科 Lamiaceae   水苏属 *Stachys*

132. 华水苏

Stachys chinensis Bunge ex Benth.

【形态特征】 多年生草本。茎不分枝或基部分枝，棱及节疏被倒向长柔毛状糙硬毛，余无毛；叶长圆状披针形，先端钝，基部近圆形，具锯齿状圆齿，上面疏被细糙硬毛或近无毛，下面无毛或沿脉疏被细糙硬毛；花梗极短或近无；花萼钟形，沿脉及齿缘被长柔毛状糙硬毛，内面无毛；花冠紫色，上唇被微柔毛。

【花 果 期】 花期6～8月，果期7～9月。

【生　　境】 生于水沟旁及沙地上。

唇形科 Lamiaceae　　　　　　　　　　　　　　　　牡荆属 *Vitex*

133. 牡荆

Vitex negundo var. *Cannabifolia* (Sieb.et Zucc.) Hand. -Mazz.

【形态特征】 落叶灌木或小乔木。小枝四棱形；叶对生，掌状复叶；小叶片披针形或椭圆状披针形，顶端渐尖，基部楔形，边缘有粗锯齿，表面绿色，背面淡绿色，通常被柔毛；圆锥花序顶生，花冠淡紫色；果实近球形，黑色。

【花　果　期】 花期6～7月，果期8～11月。

【生　　　境】 生于山坡路边灌丛中。

茄科 Solanaceae   假酸浆属 *Nicandra*

134. 假酸浆
Nicandra physalodes (L.) Gaertner

【形态特征】一年生直立草本。茎无毛；叶互生，卵形或椭圆形，先端尖或短渐尖，基部楔形，具粗齿或浅裂；花单生叶腋，俯垂；花冠钟状，淡蓝色，花丝基部宽，花药椭圆形，药室平行，纵裂；浆果球形，黄色或褐色，为宿萼包被；种子肾状盘形，具多数小凹穴。

【花果期】夏秋季。

【生　　境】常见于田边、荒地或住宅区。

茄科 Solanaceae   茄属 *Solanum*

135. 白英
Solanum lyratum Thunberg

【形态特征】草质藤。叶互生，多数为琴形，裂片全缘，通常卵形。聚伞花序顶生或腋外生，疏花；萼环状，无毛，萼齿5枚，圆形；花冠蓝紫色或白色，裂片椭圆状披针形。浆果球状，成熟时红黑色；种子近盘状，扁平。

【花 果 期】花期夏秋，果熟期秋末。

【生　　境】喜生于山谷草地或路旁、田边。

茄科 Solanaceae 　　　　　　　　　　　　　　　茄属 *Solanum*

136. 龙葵

Solanum nigrum L.

【形态特征】 一年生草本。茎近无毛或被微柔毛；叶全缘或具 4 ～ 5 对不规则波状粗齿，两面无毛或疏被短柔毛；伞形状花序腋外生，花梗近无毛或被短柔毛；花冠白色，冠檐裂片卵圆形。浆果球形，黑色；种子近卵圆形；钟子多数，近卵形，两侧压扁。

【花 果 期】 花期 5 ～ 8 月，果期 7 ～ 11 月。

【生　　境】 常见于田边、荒地及村庄附近。

茄科 Solanaceae　　　　　　　　　　　　　　　　茄属 *Solanum*

137. 珊瑚樱

Solanum pseudocapsicum L.

【形态特征】灌木。植株无毛；叶窄长圆形或披针形，基部窄楔形下延，全缘或波状；花单生，稀双生或成短总状花序与叶对生或腋外生，花序梗无或极短；花白色，花萼绿色；冠檐裂片卵形。浆果橙红色。

【花 果 期】花期初夏，果期秋末。

【生　　境】常见于路边、沟边和旷地。

母草科 Linderniaceae　　　　　　陌上菜属 *Lindernia*

138. 母草

Lindernia crustacea (L.) F. Muell

【形态特征】草本，根须状。常铺散成密丛，多分枝。叶片三角状卵形或矩圆形，边缘有不明显的浅圆齿，侧脉 3 ～ 4 对。花单生于叶腋，萼片狭披针形，无毛；花冠白色或淡紫色，上唇直立，卵形，2 浅裂，下唇开展，3 裂，裂片近相等。蒴果椭圆形；种子近球形，浅黄褐色，有明显的蜂窝状瘤突。

【花 果 期】花期 4 ～ 9 月，果期 6 ～ 11 月。

【生　　境】多生于海拔 1500 m 以下的林边、溪旁及田野的较湿润处。

通泉草科 Mazaceae　　　　　　　　　　　通泉草属 *Mazus*

139. 早落通泉草
Mazus caducifer Hance

【形态特征】多年生草本。主根短，须根簇生；茎粗壮，全株被白色长柔毛；总状花序顶生；花梗较花萼长；苞片小，早枯；花萼漏斗状，萼齿与筒部近等长，卵状披针形；花冠淡蓝紫色，较萼长，上唇裂片尖，下唇中裂片突出，较侧裂片小；蒴果球形；种子棕褐色，多而小。

【花 果 期】花期 4 ~ 5 月，果期 6 ~ 8 月。

【生　　境】生于阴湿的路旁、林下、草坡。

通泉草科 Mazaceae   通泉草属 *Mazus*

140. 通泉草

Mazus pumilus (N. L. Burman) Steenis

【形态特征】一年生草本植物，无毛或疏生短柔毛。总状花序生于茎、枝顶端，常在近基部即生花，伸长或上部成束状，花疏稀；花萼钟状；花冠白色、紫色或蓝色。蒴果球形；种子小而多数，黄色。

【花果期】4 ～ 10 月。

【生　　境】生于草坡、沟边、路旁及林缘。

紫葳科 Bignoniaceae　　　　　　　　　　凌霄属 *Campsis*

141. 凌霄

Campsis grandiflora (Thunb.) Schum.

【形态特征】茎木质，表皮脱落，枯褐色；奇数羽状复叶，卵形或卵状披针形，先端尾尖，基部宽楔形，两面无毛，有粗齿；顶生疏散的短圆锥花序；花萼钟状，花冠内面鲜红色，外面橙黄色，花药黄色，个字形着生；花柱线形，柱头扁平。蒴果细长如豆荚，先端钝。

【花 果 期】花期 5 ～ 8 月，果期 9 ～ 11 月。

【生　　境】喜温湿环境，多攀附生于树上、墙上、石头上等地。

狸藻科 Lentibulariaceae

狸藻属 *Utricularia*

142. 黄花狸藻

Utricularia aurea Lour.

【形态特征】水生草本。匍匐枝圆柱形，具分枝；叶器多数，具细刚毛；捕虫囊通常多数，侧生于叶器裂片上；花序直立，中上部具 3～8 条多少疏离的花，花序梗无鳞片；苞片基部着生；无小苞片；花梗丝状，背腹扁；花冠黄色，喉部有时具橙红色条纹，喉凸隆起呈浅囊状；蒴果，顶端具喙状宿存花柱，周裂；种子多数压扁状。

【花 果 期】花期 6～11 月，果期 7～12 月。

【生　　境】生于湖泊、池塘和稻田中。

苦苣苔科 Gesneriaceae   报春苣苔属 *Primulina*

143. 牛耳朵

Primulina eburnea (Hance) Yin Z. Wang

【形态特征】多年生草本，具粗根状茎。叶均基生，肉质；叶片卵形或狭卵形，顶端微尖或钝，基部渐狭或宽楔形，边缘全缘，两面均被贴伏的短柔毛，有时上面毛稀疏；叶柄扁，密被短柔毛；花盘斜，边缘有波状齿；果被短柔毛。

【花 果 期】4～7月。

【生　　境】生于石灰山林中石上或沟边林下。

车前科 Plantaginaceae   车前属 *Plantago*

144. 北美车前

Plantago virginica L.

【形态特征】 一年生或二年生草本，直根纤细，有细侧根。根茎短；叶基生呈莲座状，倒披针形或倒卵状披针形，先端急尖或近圆，基部窄楔形，两面及叶柄散生白色柔毛。穗状花序 1 至多数，密被开展的白色柔毛，中空。蒴果卵球形。

【花果期】 花期 4 ～ 5 月，果期 5 ～ 6 月。

【生　境】 生于草地、沟边、河岸湿地、田边、路旁。

车前科 Plantaginaceae　　　　　　　　　　　**婆婆纳属** *Veronica*

145. 直立婆婆纳

Veronica arvensis L.

【形态特征】一年生小草本。枝直立或上升，有两列白色长柔毛；叶下部有短柄，中上部的无柄，卵形或圆形，边缘具齿，两面被硬毛；总状花序长而多花，各部被白色腺毛；花梗极短，花萼长 3～4 mm，前方 2 枚长于后方 2 枚；花冠蓝紫色；雄蕊短于花冠；蒴果倒心形，明显侧扁，宽稍过于长，边缘有腺毛；种子长圆形。

【花 果 期】4～6 月。

【生　　境】生于路边及荒野草地。

车前科 Plantaginaceae   婆婆纳属 *Veronica*

146. 阿拉伯婆婆纳
Veronica persica Poir.

【形态特征】铺散状多分枝草本。茎密生两列柔毛；叶卵形或圆形，基部浅心形，花冠蓝色、紫色或蓝紫色，裂片卵形或圆形；雄蕊短于花冠；蒴果肾形；种子背面具深横纹。

【花果期】花期3～5月，果期5～6月。

【生　　境】生于路旁、宅旁、旱地夏熟作物田中。

茜草科 Rubiaceae   栀子属 *Gardenia*

147. 栀子

Gardenia jasminoides Ellis

【形态特征】 灌木。叶对生或 3 枚轮生，长圆状披针形或椭圆形，托叶膜质，基部合生成鞘；花芳香，单朵生于枝顶，萼筒宿存；花冠白色或乳黄色，高脚碟状；果椭圆形或长圆形，黄色或橙红色；种子多数近圆形。

【花 果 期】 花期 3 ～ 7 月，果期 5 月至翌年 2 月。

【生   境】 生于旷野、丘陵、山谷、山坡、溪边的灌丛或林中。

茜草科 Rubiaceae 　　　　　　　　　　　鸡矢藤属 *Paederia*

148. 鸡矢藤

Paederia foetida L.

【形态特征】藤状灌木。叶对生，膜质，卵形或披针形，叶上面无毛，在下面脉上被微毛；托叶卵状披针形；圆锥花序腋生或顶生，扩展；小苞片微小，卵形或锥形，有小睫毛；花有小梗，常作蝎尾状的聚伞花序；花萼钟形，萼檐裂片钝齿形；花冠紫蓝色，通常被绒毛；果阔椭圆形，压扁，光亮；小坚果浅黑色。

【花果期】5～9月。

【生　　境】生于低海拔的疏林内。

茜草科 Rubiaceae   钩藤属 *Uncaria*

149. 钩藤

Uncaria rhynchophylla (Miq.) Miq. ex Havil.

【形态特征】 藤本，方柱形或略有 4 棱角，无毛；叶纸质，椭圆形，两面均无毛，干时褐色或红褐色，下面有时有白粉；叶柄无毛；侧脉 4 ～ 8 对；托叶狭三角形，裂片线形至三角状披针形；小苞片线形或线状匙形；花萼管疏被毛，萼裂片近三角形；花冠管外面无毛，或具疏散的毛，花冠裂片卵圆形。蒴果。

【花 果 期】 5 ～ 12 月。

【生　　境】 生于山谷溪边的疏林或灌丛中。

忍冬科 Caprifoliaceae   忍冬属 *Lonicera*

150. 忍冬
Lonicera japonica Thunb.

【形态特征】半常绿缠绕藤本；幼枝暗红褐色，密被硬直糙毛、腺毛和柔毛，下部常无毛；叶纸质，卵形或卵状披针形，有糙缘毛，小枝上部叶两面均密被糙毛，下部叶常无毛；叶柄密被柔毛；小苞片先端圆或平截，有糙毛和腺毛；萼筒无毛，萼齿卵状三角形；花冠白色，后黄色，唇形，冠筒稍长于唇瓣，上唇裂片先端钝，下唇带状反曲。浆果圆形，熟时蓝黑色。

【花 果 期】花期 4 ～ 6 月，果期 10 ～ 11 月。

【生　　境】生于山坡灌丛或疏林中、乱石堆、路旁及村庄篱笆边。

葫芦科 Cucurbitaceae　　　　　　　盒子草属 *Actinostemma*

151. 盒子草

Actinostemma tenerum Griff.

【形态特征】 柔弱草本。枝纤细，疏被长柔毛，后变无毛。叶柄细，被短柔毛；叶形变异大，心状戟形或披针状三角形。卷须细，2 歧。雄花总状，有时圆锥状。花序轴细弱，被短柔毛；苞片线形；花萼裂片线状披针形，边缘有疏小齿；花冠裂片披针形，先端尾状钻形。雌花单生，双生或雌雄同序。果实卵形，疏生暗绿色；种子表面有不规则雕纹。

【花 果 期】 花期 7 ～ 9 月，果期 9 ～ 11 月。

【生　　境】 多生于水边草丛中。

葫芦科 Cucurbitaceae　　　　　　　　　　　苦瓜属 *Momordica*

152. 木鳖子

Momordica cochinchinensis (Lour.) Spreng.

【形态特征】粗壮大藤本。全株近无毛或稍被柔毛；叶卵状心形或宽卵状圆形；花雌雄异株，花梗顶端生兜状苞片，圆肾形；花萼裂片宽披针形或长圆形，先端渐尖或尖；花冠黄色，裂片卵状长圆形；雌花单生；果卵球形，顶端有短喙，成熟时红色，肉质；种子卵形或方形，干后黑褐色。

【花 果 期】花期 6～8 月，果期 8～10 月。

【生　　境】生于山沟、林缘及路旁。

桔梗科 Campanulaceae   半边莲属 *Lobelia*

153. 半边莲

Lobelia chinensis Lour.

【形态特征】茎、叶、花梗、小苞片、花萼均无毛；茎细弱，匍匐，节上生根，分枝直立。叶互生，近无柄，椭圆状披针形至条形；花通常 1 朵，生于分枝的上部叶腋；花梗细，小苞片无毛；花萼筒倒长锥状；花冠粉红色或白色。蒴果倒锥状；种子椭圆状，稍扁压，近肉色。

【花 果 期】5～10 月。

【生　　境】生于水田边、沟边及潮湿草地上。

桔梗科 Campanulaceae   蓝花参属 *Wahlenbergia*

154. 蓝花参

Wahlenbergia marginata (Thunb.) A. DC.

【形态特征】多年生草本，有白色乳汁。根细长，外面白色；茎自基部多分枝，直立或上升，无毛或下部疏生长硬毛；叶互生，花萼无毛，花冠钟状，蓝色。蒴果倒圆锥状；种子矩圆状，光滑，黄棕色。

【花 果 期】2～5月。

【生　　境】生于低海拔的田边、路边和荒地中，有时生于山坡或沟边。

菊科 Asteraceae

藿香蓟属 *Ageratum*

155. 藿香蓟

Ageratum conyzoides L.

【形态特征】一年生草本，无明显主根。茎粗壮，不分枝或自基部或中部以上分枝。全部茎枝淡红色，或上部绿色，被白色尘状短柔毛或上部被稠密开展的长绒毛。叶对生，有时上部互生，卵形或长圆形，有时植株全部叶小形，伞房状花序，总苞钟状或半球形，花冠外面无毛或顶端有尘状微柔毛，檐部5裂，淡紫色。瘦果黑褐色，5棱。

【花 果 期】全年。

【生　　　境】生于低海拔山谷、山坡林下、河边或山坡草地、田边或荒地。

菊科 Asteraceae   豚草属 *Ambrosia*

156. 豚草

Ambrosia artemisiifolia L.

【形态特征】一年生草本。茎直立，上部有圆锥状分枝，有棱，被疏生密糙毛；下部叶对生，具短叶柄，上面深绿色，被细短伏毛或近无毛，背面灰绿色，被密短糙毛。上部叶互生，无柄；雄头状花序半球形或卵形，具短梗，下垂，在枝端密集成总状花序；总苞宽半球形或碟形；总苞片全部结合，无肋；瘦果倒卵形，无毛。

【花 果 期】花期 8～9 月，果期 9～10 月。

【生　　境】生于路旁，本种为恶性外来入侵物种。

菊科 Asteraceae   蒿属 *Artemisia*

157. 艾

Artemisia argyi Lévl. et Van.

【形态特征】多年生草本或稍亚灌木状，植株有浓香。茎、枝被灰色蛛丝状柔毛；茎下部叶近圆形，羽状深裂，裂片有 2～3 小裂齿；中部叶卵形、三角状卵形或近菱形；干后主脉和侧脉深褐色或锈色，头状花序椭圆形，排成穗状花序或复穗状花序，在茎上常组成尖塔形窄圆锥花序；总苞片背面密被灰白色蛛丝状绵毛，边缘膜质。瘦果长圆形。

【花果期】7～10月。

【生　　境】生于低海拔至中海拔地区的荒地、路旁河边及山坡等地。

菊科 Asteraceae   菊属 *Chrysanthemum*

158. 野菊
Chrysanthemum indicum Linnaeus

【形态特征】多年生草本。中部茎生叶卵形或椭圆状卵形，基部平截、稍心形或宽楔形，裂片先端尖，柄基无耳或有分裂叶耳，两面淡绿色，疏生柔毛；头状花序，多数在茎枝顶端排成疏松的伞房圆锥花序，或少数在茎顶排成伞房花序；全部苞片边缘白色或褐色宽膜质，顶端钝或圆；舌状花黄色。

【花 果 期】6～11月。

【生　　境】生于山坡草地、河边水湿地、田边及路旁。

菊科 Asteraceae   蓟属 Cirsium

159. 刺儿菜

Cirsium arvense var. Integrifolium C. Wimm. et Grabowski

【形态特征】多年生草本。地下部分常大于地上部分，有长根茎。茎直立，幼茎被白色蛛丝状毛，有棱。叶互生，基生叶和中部茎生叶长椭圆形；茎生叶均不裂，叶缘有细密针刺，两面绿色，多无毛；头状花序单生茎端或排成伞房花序；总苞卵圆形或长卵形，小花紫红色或白色。瘦果淡黄色，椭圆形或偏斜椭圆形。

【花果期】5～9月。

【生　　境】生于荒地、耕地、路边。

菊科 Asteraceae　　　　　　　　　　　　　　　　蓟属 *Cirsium*

160. 大蓟

Cirsium spicatum Matsum.

【形态特征】茎呈圆柱形，表面有数条纵棱，全株被丝状毛；断面灰白色，髓部近中空。叶皱缩，多破碎，完整叶片展平后呈倒披针形或倒卵状椭圆形，羽状深裂，边缘具不等长的针刺；两面均具灰白色丝状毛。头状花序顶生，球形或椭圆形，总苞黄褐色，羽状冠毛灰白色，小花紫红色。

【花 果 期】花期 5 ～ 9 月，果期 10 ～ 11 月。

【生　　境】生于山坡、路边等，广布种。

菊科 Asteraceae   鳢肠属 *Eclipta*

161. 鳢肠

Eclipta prostrata (L.) L.

【形态特征】 一年生草本。茎基部分枝，被贴生糙毛；叶长披针形，边缘有细锯齿或呈波状，两面密被糙毛，近无柄；头状花序，有细花序梗；总苞球状钟形，总苞片绿色，草质，外围的雌花为舌状，舌片短，花冠管状，白色；瘦果暗褐色，雌花瘦果三棱形，两性花瘦果扁四棱形。

【花 果 期】 花期 6～9 月。

【生　　境】 生于河边、田边或路旁。

菊科 Asteraceae   飞蓬属 *Erigeron*

162. 一年蓬

Erigeron annuus (L.) Pers.

【形态特征】 一年生或二年生草本。茎下部被长硬毛，上部被上弯短硬毛；基部叶长圆形或宽卵形，稀近圆形；头状花序数个或多数，排成疏圆锥花序，总苞半球形，上部被疏微毛，舌片平展，白色或淡天蓝色，线形，中央两性花管状，黄色。

【花 果 期】 6～10月。

【生   境】 常生于路边旷野或山坡荒地。

菊科 Asteraceae　　　　　　　　飞蓬属 *Erigeron*

163. 苏门白酒草

Erigeron sumatrensis Retz.

【形态特征】一年生或二年生草本。茎高达 1.5 m，被较密灰白色上弯糙毛，兼有疏柔毛；下部叶倒披针形或披针形，基部全缘；中部和上部叶窄披针形或近线形，具齿或全缘，两面密被糙毛。头状花序多数，在茎枝端排成圆锥花序；总苞卵状短圆柱形，总苞片 3 层；雌花多层，舌片淡黄色或淡紫色，丝状；两性花花冠淡黄色。瘦果线状披针形被贴微毛；冠毛 1 层，初白色，后黄褐色。

【花果期】5 ～ 10 月。

【生　境】生于山坡草地、旷野、路旁，为常见杂草。

菊科 Asteraceae　　　　　　　　苦苣菜属 *Sonchus*

164. 苦苣菜
Sonchus oleraceus L.

【形态特征】一年生或二年生草本。茎枝无毛，或上部花序被腺毛；基生叶羽状深裂，椭圆形或三角形，基部渐窄成翼柄；中下部茎生叶羽状深裂，椭圆形或倒披针形，柄基圆耳状抱茎，顶裂片与侧裂片宽三角形；下部叶与中下部叶同型，基部半抱茎；头状花序排成伞房状或总状花序，或单生茎顶；舌状小花黄色；瘦果褐色，冠毛白色。

【花 果 期】5～12月。

【生　　境】生于山坡林缘、灌丛、草地、田野路旁。

菊科 Asteraceae　　　　　　　　　　　　千里光属 *Senecio*

165. 千里光

Senecio scandens Buch. -Ham. ex D. Don

【形态特征】多年生攀援草本，根状茎木质。茎多分枝；叶具柄，叶片卵状披针形至长三角形，顶端渐尖；羽状脉，侧脉 7～9 对；头状花序有舌状花，多数，在茎枝端排列成顶生复聚伞圆锥花序；分枝和花序梗被密至疏短柔毛；小苞片通常 1～10，线状钻形；总苞圆柱状钟形，具外层苞片；苞片约 8，线状钻形。总苞片 12～13；舌状花 8～10，舌片黄色；管状花多数；花冠黄色；瘦果圆柱形。

【花 果 期】4～11 月。

【生　　境】生于低海拔干地或湿润草地上，尤以稻田最常见。

菊科 Asteraceae 　　　　　　　　　鼠曲草属 *Pseudognaphalium*

166. 鼠曲草
Pseudognaphalium affine (Candolle) Veldkamp

【形态特征】一年生草本植物。茎直立或基部有斜上分枝，被白色厚绵毛；叶无柄，叶片匙状倒披针形或倒卵状匙形；头状花序较多或较少数，花黄色至淡黄色；总苞钟形，总苞片金黄色或柠檬黄色，膜质，有光泽；瘦果倒卵形或倒卵状圆柱形，有乳突；冠毛粗糙，污白色，易脱落。

【花 果 期】花期 1～4 月，果期 8～11 月。

【生　　境】生于林下、林缘、开旷草坡、田边和路边。

菊科 Asteraceae　　　　　　　　　　　蒲儿根属 *Sinosenecio*

167. 蒲儿根

Sinosenecio oldhamianus (Maxim.) B. Nord.

【形态特征】多年生或二年生茎叶草本。根状茎木质；基部叶在花期凋落，具长叶柄；下部茎叶具柄，叶片卵状圆形或近圆形，边缘具浅至深重齿或重锯齿，最上部叶卵形或卵状披针形；头状花序多数排列成顶生复伞房状花序；总苞宽钟状，苞片紫色，草质；管状花多数，花冠黄色。果为瘦果，圆柱形。

【花果期】花期 4～6 月。

【生　　境】生于林缘、溪边、潮湿岩石边及草坡、田边。

四、被子植物单子叶类

香蒲科 Typhaceae

香蒲属 *Typha*

168. 香蒲
Typha orientalis Presl

【形态特征】多年生水生或沼生草本。根状茎乳白色；地上茎粗壮，向上渐细；叶片条形，光滑，上部扁平，下部腹面微凹，背面逐渐隆起呈凸形，横切面呈半圆形，细胞间隙海绵状；叶鞘抱茎；雌雄花序紧密连接；雄花序花序轴具白色弯曲柔毛，自基部向上具 1～3 枚叶状苞片，花后脱落；雌花序基部具 1 枚叶状苞片，花后脱落。小坚果椭圆形；种子褐色，微弯。

【花 果 期】5～8 月。

【生　　境】生于湖泊、池塘、沟渠、沼泽及河流缓流带。

眼子菜科 Potamogetonaceae　　　　　　眼子菜属 *Potamogeton*

169. 眼子菜

Potamogeton distinctus A. Bennett

【形态特征】多年生水生草本。根茎发达，白色，常于顶端形成纺锤状休眠芽体，并在节处生有须根；茎圆柱形，通常不分枝；浮水叶革质，披针形至卵状披针形，具柄；叶脉多条，顶端连接；沉水叶披针形至狭披针形，草质，具柄，常早落；托叶膜质，呈鞘状抱茎；穗状花序顶生，具花多轮，开花时伸出水面，花后沉没水中；花小，花被片 4，绿色。果实宽倒卵形，背部明显 3 脊。

【花 果 期】5～10 月。

【生　　境】生于池塘、水田和水沟等静水中。

眼子菜科 Potamogetonaceae　　　　　眼子菜属 *Potamogeton*

170. 菹草

Potamogeton crispus L.

【形态特征】多年生沉水草本，具近圆柱形的根茎。茎稍扁，多分枝，近基部常匍匐地面，于节处生有须根；叶条形，基部与托叶合生，但不形成叶鞘，叶缘浅波状，具细锯齿；平行叶脉 3～5 条，顶端连接；托叶薄膜质，早落；休眠芽腋生，略似松果；穗状花序顶生，具花 2～4 轮；花小，被片 4，淡绿色。果实卵形。

【花 果 期】4～7 月。

【生　　境】生于池塘、水沟、水稻田、沟渠及缓流河水中。

泽泻科 Alismataceae　　　　　　　　　　慈姑属 *Sagittaria*

171. 矮慈姑

Sagittaria pygmaea Miq.

【形态特征】一年生或多年生沉水草本。匍匐茎细短，根状；通常当年萌发形成新株；叶条形，光滑，基部鞘状，通常具横脉；花葶直立；花序总状；苞片椭圆形，膜质；花单性，基数 3，外轮花被片绿色，倒卵形，具条纹，宿存，内轮花被片白色，圆形或扁圆形。瘦果近倒卵形，两侧压扁，具翅，果喙自腹侧伸出。

【花果期】5～11月。

【生　境】生于沼泽、水田、沟溪浅水处。

水鳖科 Hydrocharitaceae　　　　　　　　苦草属 *Vallisneria*

172. 苦草
Vallisneria natans (Lour.) Hara

【形态特征】沉水草本，具匍匐茎。叶基生，线形或带形，常具棕色条纹和斑点，无叶柄；叶脉 5 ～ 9 条；花单性，雌雄异株；雄佛焰苞卵状圆锥形，每个佛焰苞内含雄花 200 余朵或更多，成熟的雄花浮在水面开放，萼片 3，大小不等；雌佛焰苞筒状，先端 2 裂，绿色或暗紫红色；雌花单生于佛焰苞内，萼片 3，先端钝，绿紫色，质较硬；花瓣 3，极小，白色，与萼片互生。果实圆柱形，种子倒长卵形，有腺毛状凸起。

【花 果 期】4 ～ 6 月。

【生　　境】生于溪沟、河流、池塘、湖泊之中。

水鳖科 Hydrocharitaceae   茨藻属 *Najas*

173. 大茨藻

Najas marina L.

【形态特征】 一年生沉水草本。植株多汁，较粗壮，质脆，极易从节部折断；分枝多，呈二叉状，常具稀疏锐尖的粗刺，先端具黄褐色刺细胞；叶近对生或 3 叶假轮生，于枝端较密集；叶片线状披针形，稍向上弯曲，先端具 1 黄褐色刺细胞，边缘每侧具 4 ～ 10 枚粗锯齿；叶鞘宽圆形，抱茎；花黄绿色，单生于叶腋。瘦果黄褐色，椭圆形。

【花 果 期】 9 ～ 11 月。

【生　　境】 生于池塘、湖泊和缓流河水中。

禾本科 Poaceae   **看麦娘属** *Alopecurus*

174. 看麦娘

Alopecurus aequalis Sobol.

【形态特征】一年生草本。秆少数丛生，细瘦，光滑；叶鞘光滑，叶舌膜质，叶片扁平；圆锥花序圆柱状，灰绿色；小穗椭圆形或卵状长圆形；颖膜质，基部互相连合，具 3 脉，脊上有细纤毛，侧脉下部有短毛；外稃膜质，先端钝，等大或稍长于颖，下部边缘互相连合，花药橙黄色。颖果，长约 1 mm。

【花 果 期】4 ～ 8 月。

【生　　境】生于海拔较低的田边及潮湿之地。

禾本科 Poaceae　　　　　　　　　　　　　　　　**燕麦属** *Avena*

175. 野燕麦

Avena fatua L.

【形态特征】 一年生草本。须根较坚韧；秆直立，光滑无毛；叶鞘松弛，光滑或基部者被微毛；叶舌透明膜质；叶片扁平，微粗糙，或上面和边缘疏生柔毛；圆锥花序开展，金字塔形；小穗柄弯曲下垂，顶端膨胀；小穗轴密生淡棕色或白色硬毛，其节脆硬易断落；芒自稃体中部稍下处伸出，呈扭转状。颖果，被淡棕色柔毛，腹面具纵沟。

【花 果 期】 4～9月。

【生　　境】 生于荒芜田野或为田间杂草。

禾本科 Poaceae   狗牙根属 *Cynodon*

176. 狗牙根
Cynodon dactylon (L.) Pers.

【形态特征】 低矮草本，具根茎。秆细而坚韧，下部匍匐地面蔓延甚长，节上常生不定根，秆壁厚，光滑无毛；叶鞘微具脊；叶舌仅为一轮纤毛；叶片线形，通常两面无毛；穗状花序；小穗灰绿色或带紫色，仅含 1 小花；外稃舟形，具 3 脉，背部明显成脊；内稃具 2 脉；鳞被上缘近截平。颖果长圆柱形。

【花果期】 5 ～ 10 月。

【生　　境】 多生于村庄附近、道旁河岸、荒地山坡。

禾本科 Poaceae   **马唐属** *Digitaria*

177. 马唐

Digitaria sanguinalis (L.) Scop.

【形态特征】一年生草本。秆直立或下部倾斜；叶鞘短于节间；叶片线状披针形，基部圆形，边缘较厚，微粗糙，具柔毛或无毛；总状花序；穗轴直伸或开展，两侧具宽翼，边缘粗糙；小穗椭圆状披针形。

【花 果 期】6～9月。

【生　　境】生于路旁、田野、沟渠边。

禾本科 Poaceae   **白茅属** *Imperata*

178. 白茅

Imperata cylindrica (L.) Beauv.

【形态特征】多年生草本，具粗壮的长根状茎。秆直立，节无毛；叶鞘聚集于秆基，甚长于其节间，质地较厚；叶舌膜质，扁平，质地较薄；秆生叶片窄线形，通常内卷，顶端渐尖呈刺状，下部渐窄，质硬，被有白粉；圆锥花序稠密，基盘具丝状柔毛。颖果椭圆形。

【花果期】4～6月。

【生　　境】生于低山带平原河岸草地、沙质草甸、荒漠等地。

禾本科 Poaceae   芒属 *Miscanthus*

179. 五节芒

Miscanthus floridulus (Lab.) Warb. ex Schum et Laut.

【形态特征】 多年生草本，具发达根状茎。秆高大，无毛，节下具白粉，叶鞘无毛，鞘节具微毛；叶舌顶端具纤毛；叶片披针状线形；圆锥花序大型，稠密，主轴粗壮，无毛；总状花序轴，无毛；小穗卵状披针形，黄色；雄蕊 3 枚，花药橙黄色；花柱极短，柱头紫黑色，自小穗中部之两侧伸出。

【花 果 期】 5 ～ 10 月。

【生　　境】 生于低海拔撂荒地与丘陵潮湿谷地及山坡或草地。

禾本科 Poaceae   芒属 *Miscanthus*

180. 南荻

Miscanthus lutarioriparius L. Liu ex Renvoize.et S. L. Chen

【形态特征】多年生高大竹状草本，具十分发达的根状茎。秆直立，有光泽，常被粉；叶鞘淡绿色，无毛，鞘节无毛；叶舌具绒毛，耳部被细毛；叶片带状，边缘锯齿较短，微粗糙，上面深绿色；圆锥花序大型，主轴伸长达花序中部，稠密，腋间无毛。颖果黑褐色，顶端具宿存的二叉状花柱。

【花 果 期】9～11 月。

【生　　境】生于江洲湖滩上，海拔 30～40 m。

禾本科 Poaceae   芒属 *Miscanthus*

181. 芒

Miscanthus sinensis Anderss.

【形态特征】 多年生芦苇状草本。秆无毛或在花序以下疏生柔毛；叶鞘无毛，长于其节间；叶舌膜质，顶端及其后面具纤毛；叶片线形，下面疏生柔毛及被白粉，边缘粗糙；圆锥花序直立，节与分枝腋间具柔毛；小穗披针形，黄色有光泽，基盘具等长于小穗的白色或淡黄色的丝状毛。颖果长圆形，暗紫色。

【花果期】 7～12月。

【生　　境】 遍布于海拔 1800 m 以下的山地、丘陵和荒坡原野。

禾本科 Poaceae　　　　　　　　　　　　　　　　　　**求米草属** *Oplismenus*

182. 求米草

Oplismenus undulatifolius (Arduino) Beauv.

【形态特征】秆纤细，基部平卧地面，节处生根；叶鞘短于或上部者长于节间，密被疣基毛；叶舌膜质，短小；叶片扁平，披针形至卵状披针形，先端尖，基部略呈圆形而稍不对称，通常具细毛；圆锥花序主轴密被长刺状柔毛；小穗卵圆形，被硬刺毛，簇生于主轴或部分孪生。颖果草质，鳞被 2，膜质。

【花 果 期】7～11 月。

【生　　境】生于疏林下阴湿处。

禾本科 Poaceae　　　　　　　　　　　　**狗尾草属 *Setaria***

183. 狗尾草

Setaria viridis (L.) Beauv.

【形态特征】 一年生草本。根为须状，秆直立或基部膝曲；叶鞘松弛，边缘具较长的密绵毛状纤毛；叶扁平，线状披针形，边缘粗糙；圆锥花序，直立或稍弯垂，主轴被较长柔毛，通常绿色或褐黄色至紫红色；小穗椭圆形，铅绿色；叶上下表皮脉间均为微波纹或无波纹的、壁较薄的长细胞。颖果灰白色。

【花 果 期】 5～10月。

【生　　境】 生于荒野、道旁，广布杂草。

莎草科 Cyperaceae · 荸荠属 *Eleocharis*

184. 羽毛荸荠

Eleocharis wichurae Boeckeler

【形态特征】 多年生植物。匍匐茎短或无；秆灰绿色，丛生，纤细，平滑；叶鞘带红色至略带紫色；小穗最初带褐色，后变为淡绿色，卵球形或长圆形；多花，花被刚毛，锈色，羽状具平展毛；柱头橄榄状，成熟时变为褐色，倒卵球形；宿存花柱基部膨大，侧面压扁。小坚果倒卵形，微扁。

【花 果 期】 7～9月。

【生　　境】 生于浅水区、草地旁的水域、沼泽区。

莎草科 Cyperaceae   香附子属 *Cyperus*

185. 香附子

Cyperus rotundus L.

【形态特征】匍匐根状茎长，具椭圆形块茎。秆锐三棱形，平滑，基部呈块茎状；叶较多，短于秆，平张；鞘棕色，常裂成纤维状；叶状苞片常长于花序；长侧枝聚伞花序，具多个辐射枝；穗状花序轮廓为陀螺形，具3～10个小穗；小穗轴具较宽的、白色透明的翅；鳞片覆瓦状排列，膜质，卵形或长圆状卵形，具5～7条脉。小坚果三棱形，具细点。

【花果期】5～11月。

【生　　境】生于山坡荒地草丛中或水边潮湿处。

天南星科 Araceae

紫萍属 *Spirodela*

186. 紫萍

Spirodela polyrhiza (L.) Schleid.

【形态特征】叶状体扁平，阔倒卵形，先端钝圆，表面绿色，背面紫色，具掌状脉 5～11 条，背面中央生 5～11 条根，白绿色，根冠尖，脱落；根基附近的一侧囊内形成圆形新芽，萌发后，幼小叶状体渐从囊内浮出，由一细弱的柄与母体相连；花未见，肉穗花序有 2 个雄花和 1 个雌花。

【花 果 期】5～10 月。

【生　　境】生于水田、湖湾、水沟中。

天南星科 Araceae　　　　　　　　　　　天南星属 *Arisaema*

187. 一把伞南星

Arisaema erubescens (Wall.) Schott

【形态特征】 块茎扁球形；鳞叶绿白色、粉红色，有紫褐色斑纹；叶柄中部以下具鞘，鞘部粉绿色，上部绿色，有时具褐色斑块；叶片放射状分裂；花序柄比叶柄短，直立；佛焰苞绿色，背面有清晰的白色条纹，或淡紫色至深紫色而无条纹，管部圆筒形；肉穗花序单性，花密；果序柄下弯或直立，浆果红色。

【花 果 期】 花期 5～7 月，果 9 月成熟。

【生　　境】 生于林下、灌丛、草坡、荒地。

天南星科 Araceae

半夏属 *Pinellia*

188. 半夏

Pinellia ternata (Thunb.) Breit.

【形态特征】 块茎圆球形，具须根；叶柄基部具鞘，鞘内、鞘部以上或叶片基部有珠芽；幼苗叶片卵状心形至戟形，全缘单叶；老株叶片 3 全裂，裂片长圆状椭圆形或披针形；佛焰苞绿色或绿白色，管部狭圆柱形；檐部长圆形，绿色，有时边缘青紫色；肉穗花序，附属器绿色变青紫色，直立，有时呈"S"形弯曲；浆果卵圆形，黄绿色。

【花 果 期】 花期 5～7 月，果 8 月成熟。

【生　　境】 常见于草坡、荒地、玉米地、田边或疏林下。

天南星科 Araceae   大藻属 *Pistia*

189. 大藻

Pistia stratiotes L.

【形态特征】 水生飘浮草本。有长而悬垂的根多数，须根羽状，密集；叶簇生呈莲座状，叶片常因发育阶段不同而形异，如倒三角形、倒卵形、扇形，以至倒卵状长楔形，先端截头状或浑圆，基部厚，两面被毛，基部尤为浓密；叶脉扇状伸展，背面明显隆起成折皱状；佛焰苞白色，外被茸毛。

【花 果 期】 5～11月。

【生　　境】 常生于池塘、湿地。

鸭跖草科 Commelinaceae   鸭跖草属 *Commelina*

190. 鸭跖草

Commelina communis L.

【形态特征】一年生披散草本。茎匍匐生根，多分枝，下部无毛，上部被短毛；叶披针形至卵状披针形；总苞片佛焰苞状，与叶对生，折叠状，展开后为心形，边缘常有硬毛；聚伞花序；花梗果期弯曲；萼片膜质，内面 2 枚常靠近或合生；花瓣深蓝色，内面 2 枚具爪；蒴果椭圆形；种子棕黄色，有不规则窝孔。

【花 果 期】花期 7 ~ 9 月，果期 8 ~ 10 月。

【生　　境】多生于路边或水边湿润处。

雨久花科 Pontederiaceae　　　　　　　凤眼莲属 *Eichhornia*

191. 凤眼莲
Eichhornia crassipes (Mart.) Solme

【形态特征】浮水草本。须根发达，棕黑色；茎极短，匍匐枝淡绿色或带紫色；叶片圆形至宽菱形，表面深绿色，光亮，质地厚实；叶柄黄绿色至绿色，光滑，薄而半透明；穗状花序；花被卵形、长圆形或倒卵形，紫蓝色，花冠略两侧对称，四周淡紫红色，中间蓝色，中央有 1 黄色圆斑。蒴果卵形。

【花 果 期】花期 7 ～ 10 月，果期 8 ～ 11 月。

【生　　境】常生于水塘、沟渠及稻田中，本种为恶性外来入侵物种。

灯芯草科 Juncaceae 　　　　　　　　　　　　灯芯草属 *Juncus*

192. 野灯芯草

Juncus setchuensis Buchen. ex Diels

【形态特征】多年生草本。根状茎短而横走，具须根；茎丛生，直立，圆柱形；叶全部为低出叶，呈鞘状或鳞片状，基部红褐色至棕褐色；叶片退化为刺芒状；聚伞花序假侧生；总苞片圆柱形，顶端尖锐；花淡绿色；花被片卵状披针形。蒴果通常卵形，成熟时黄褐色至棕褐色。种子斜倒卵形，棕褐色。

【花果期】花期5～7月，果期6～9月。

【生　　境】生于山沟、林下阴湿地、溪旁、道旁的浅水处。

天门冬科 Asparagaceae   沿阶草属 *Ophiopogon*

193. 沿阶草

Ophiopogon bodinieri Levl.

【形态特征】根纤细，近末端处有时具膨大成纺锤形的小块根；地下走茎长，节上具膜质的鞘；叶基生成丛，禾叶状，先端渐尖，边缘具细锯齿；总状花序；苞片条形或披针形，少数呈针形，稍带黄色，半透明；花被片卵状披针形、披针形或近矩圆形，白色或稍带紫色。种子近球形或椭圆形。

【花 果 期】花期 6 ～ 8 月，果期 8 ～ 10 月。

【生　　境】生于山坡、山谷潮湿处、沟边、灌木丛下或林下。

百合科 Liliaceae   百合属 *Lilium*

194. 百合
Lilium brownii var. *viridulum* Baker

【形态特征】鳞茎球形，鳞茎瓣广展，无节，白色；茎有紫色条纹，无毛；叶散生，倒披针形，基部斜窄，全缘，无毛，有 3～5 条脉，具短柄；花喇叭形，有香味，花被片 6，倒卵形，多为白色，背面带紫褐色，无斑点，顶端弯而不卷，密腺两边具小乳头状突起。蒴果矩圆形，有棱，具多数种子。

【花 果 期】花期 5～6 月，果期 9～10 月。

【生　　境】生于山坡及石缝中。

百合科 Liliaceae　　　　　　　　　　　　　　油点草属 *Tricyrtis*

195. 油点草

Tricyrtis macropoda Miq.

【形态特征】茎上部疏生或密生短的糙毛。叶卵状椭圆形至矩圆状披针形，两面疏生短糙伏毛，边缘具短糙毛；二歧聚伞花序顶生或生于上部叶腋，花序轴和花梗生有淡褐色短糙毛，并间生有细腺毛；苞片很小；花疏散；花被片近白色，内面具多数紫红色斑点，密生腺毛。蒴果直立。

【花 果 期】6～10月。

【生　　境】生于山地林下、草丛中或岩石缝隙中。

菝葜科 Smilacaceae　　　　　　　　　　　　　　　　菝葜属 *Smilax*

196. 菝葜

Smilax china L.

【形态特征】攀援灌木。根状茎粗厚，坚硬；叶薄革质或坚纸质，近圆形，下面通常淡绿色；伞形花序生于叶尚幼嫩的小枝上，具十几朵或更多的花，常呈球形；花序托稍膨大，近球形，较少稍延长，具小苞片；花绿黄色。浆果直径 6～15 mm，熟时红色，有粉霜。

【花 果 期】花期 2～5 月，果期 9～11 月。

【生　　境】生于海拔 2000 m 以下的林下、灌丛中、路旁、河谷或山坡上。

石蒜科 Amaryllidaceae   石蒜属 *Lycoris*

197. 石蒜

Lycoris radiata (L' Her.) Herb.

【形态特征】鳞茎近球形；秋季出叶，窄带状，顶端钝，深绿色，中脉具粉绿色带纹；总苞片 2 枚，披针形；顶生伞形花序，有 4 ～ 7 朵花，花鲜红色；花被裂片狭倒披针形，强烈皱缩和反卷；雄蕊显著伸出于花被外，比花被长 1 倍左右。

【花 果 期】花期 8 ～ 9 月，果期 10 月。

【生　　境】生于阴湿山坡和溪沟边。

石蒜科 Amaryllidaceae　　　　　　　　　　　葱莲属 *Zephyranthes*

198. 葱莲

Zephyranthes candida (Lindl.) Herb.

【形态特征】多年生草本。鳞茎卵形，具有明显的颈部；叶狭线形，肥厚，亮绿色；花茎中空；花单生于花茎顶端，下有带褐红色的佛焰苞状总苞，总苞片顶端2裂；花白色，外面常带淡红色；几无花被管，花被片6，顶端钝或具短尖头。蒴果近球形，3瓣开裂；种子黑色，扁平。

【花果期】7～10月。

【生　境】生于路边或荒野，多栽培。

鸢尾科 Iridaceae　　　　　　　　　　　　　　　　　　　　鸢尾属 *Iris*

199. 蝴蝶花

Iris japonica Thunb.

【形态特征】多年生草本。直立的根状茎扁圆形，棕褐色，横走的根状茎黄白色；须根生于根状茎的节上；叶基生，暗绿色，有光泽，近地面处带红紫色；花茎直立，顶生稀疏总状聚伞花序；苞片叶状；花梗伸出苞片之外；花被管明显。蒴果椭圆状柱形，顶端微尖，6 条纵肋明显；种子黑褐色。

【花 果 期】花期 3～4 月，果期 5～6 月。

【生　　境】生于山坡较荫蔽而湿润的草地、疏林下或林缘草地。

兰科 Orchidaceae   虾脊兰属 *Calanthe*

200. 虾脊兰
Calanthe discolor Lindl.

【形态特征】根状茎不甚明显；假鳞茎粗短，近圆锥形；叶倒卵状长圆形至椭圆状长圆形，背面密被短毛；总状花序；花苞片宿存，膜质，卵状披针形；花梗和子房弧曲，密被短毛，子房棒状；萼片和花瓣褐紫色；花瓣近长圆形或倒披针形；唇瓣白色，扇形；唇盘上具膜片状褶片；裂片牙齿状三角形，先端急尖。

【花果期】花期 4～5 月，果期 6～11 月。

【生　境】生于海拔 1500 m 以下的常绿阔叶林下。

兰科 Orchidaceae　　　　　　　　　　　　　兰属 *Cymbidium*

201. 蕙兰

Cymbidium faberi Rolfe

【形态特征】 地生草本。假鳞茎不明显；叶带形，直立性强，叶脉透亮，边缘常有粗锯齿；花葶从叶丛基部最外面的叶腋抽出，近直立或稍外弯；总状花序，具 5 ～ 11 朵或更多花；花苞片线状披针形，花常为浅黄绿色，唇瓣有紫红色斑，有香气；萼片近披针状长圆形；侧裂片直立，具小乳突或细毛；唇盘上 2 条纵褶片从基部上方延伸至中裂片基部。蒴果，近狭椭圆形。

【花果期】 3 ～ 6 月。

【生　　境】 常生于湿润但排水良好的透光处。

兰科 Orchidaceae　　　　　　　　　　　　　　　兰属 *Cymbidium*

202. 春兰

Cymbidium goeringii (Rchb. f.) Rchb. F.

【形态特征】地生草本。假鳞茎较小，卵球形。叶 4～7 枚，带形，通常较短小，边缘无齿或具细齿；花葶从假鳞茎基部外侧叶腋中抽出，直立；花序具单朵花；花苞片长而宽；花色泽变化较大，通常为绿色或淡褐黄色而有紫褐色脉纹，有香气；萼片长圆状倒卵形；花瓣倒卵状椭圆形至长圆状卵形；唇瓣近卵形，不明显 3 裂。蒴果狭椭圆形。

【花果期】花期 1～3 月。

【生　　境】生于多石山坡、林缘、林中透光处。

中文名索引

拉丁名索引